2017
中国生态环境质量报告

中华人民共和国生态环境部　编

中国环境出版集团·北京

图书在版编目（CIP）数据

2017 中国生态环境质量报告/中华人民共和国生态环境部编. —北京：中国环境出版集团，2019.3
ISBN 978-7-5111-3922-1

Ⅰ. ①2… Ⅱ. ①中… Ⅲ. ①环境质量—研究报告—中国—2017 Ⅳ. ①X821.209

中国版本图书馆 CIP 数据核字（2019）第 040192 号

审图号：GS（2019）441 号

出版人　武德凯
责任编辑　董蓓蓓
责任校对　任　丽
封面设计　彭　杉

出版发行　中国环境出版集团
（100062　北京市东城区广渠门内大街 16 号）
网　　址：http://www.cesp.com.cn
电子邮箱：bjgl@cesp.com.cn
联系电话：010-67112765（编辑管理部）
发行热线：010-67125803，010-67113405（传真）
印　　刷　北京中科印刷有限公司
经　　销　各地新华书店
版　　次　2019 年 3 月第 1 版
印　　次　2019 年 3 月第 1 次印刷
开　　本　787×1092　1/16
印　　张　9.5
字　　数　200 千字
定　　价　60.00 元

《2017 中国生态环境质量报告》编委会

邓爱萍　（江苏省环境监测中心）
林　广　（浙江省环境监测中心）
王　欢　（安徽省环境监测中心站）
黄聚聪　（福建省环境监测中心站）
任荣荣　（江西省环境监测中心站）
王　敏　（山东省环境监测中心站）
史淑娟　（河南省环境监测中心）
程继雄　（湖北省环境监测中心站）
樊　娟　（湖南省环境监测中心站）
严惠华　（广东省环境监测中心）
林　卉　（广西壮族自治区环境监测中心站）
刘　彬　（海南省环境监测中心站）
黄　伟　（重庆市生态环境监测中心）
周　淼　（四川省环境监测总站）
高兰兰　（贵州省环境监测中心站）
王　健　（云南省环境监测中心站）
赵　矿　（西藏自治区环境监测中心站）
廖慧彬　（陕西省环境监测中心站）
常　毅　（甘肃省环境监测中心站）
初　春　（青海省生态环境监测中心）
马　洋　（宁夏回族自治区环境监测中心站）
郭宇宏　（新疆维吾尔自治区环境监测总站）
孙宇颖　（新疆生产建设兵团环境监测中心站）
徐茗荟　（环境保护部辐射环境监测技术中心）
孙　毅　（浙江省舟山海洋生态环境监测站）

主　编　单　位　中国环境监测总站
参加编写单位　环境保护部辐射环境监测技术中心
浙江省舟山海洋生态环境监测站
资料提供单位　各省（区、市）（生态）环境监测中心（站）
各省辖市（地区、州、盟）（生态）环境监测中心站

前　言

《2017 中国生态环境质量报告》以国家环境监测网监测数据为基础，对 2017 年全国生态环境质量进行了全面梳理和分析，总结了总体情况和主要生态环境质量问题，提出了对策建议。

本报告中生态环境质量监测数据来源于国家环境监测网。国家环境监测网包括：338 个地级及以上城市的 1 436 个城市环境空气质量监测点位，978 条河流和 112 座湖（库）的 1 940 个地表水水质评价、考核、排名断面（点位），338 个地级及以上城市和部分县级市、区、县及地州盟近 1 000 个降水监测点位，338 个地级及以上城市的集中式饮用水水源水环境监测网，417 个近岸海域环境监测点位，338 个地级及以上城市的近 80 000 个城市声环境监测点位，全国 31 个省（自治区、直辖市）中运行的 16 个生态地面监测重点站、38 个定位监测站和 649 个生态点位，全国 1 403 个环境电离辐射监测点位和 44 个环境电磁辐射监测点位。

本报告中监测数据除特殊说明外，均未包括台湾省、香港特别行政区和澳门特别行政区。

目　录

第一篇　监测概况和评价方法

1.1　城市环境空气质量 3
1.2　降水 4
1.3　淡水水质 5
1.4　近岸海域 11
1.5　城市声环境质量 13
1.6　生态环境质量 16
1.7　农村环境质量 18
1.8　辐射环境质量 19

第二篇　生态环境质量状况

2.1　城市环境空气质量 23
2.2　降水 52
2.3　淡水水质 59
2.4　近岸海域 85
2.5　城市声环境质量 97
2.6　生态环境质量 105
2.7　农村环境质量 110
2.8　辐射环境质量 113

第三篇　总 结

3.1　基本结论 125
3.2　主要环境问题 127
3.3　对策建议 129

附表 130

第一篇

监测概况和评价方法

1.1 城市环境空气质量

1.1.1 监测情况

1.1.1.1 地级及以上城市环境空气

2017 年，全国城市环境空气质量监测网涵盖的 338 个地级及以上城市（含直辖市、地级市、地区、自治州和盟，全书同）向中国环境监测总站实时报送城市空气质量监测指标的监测数据，实时监测数据经地方审核、总站复核后用于城市环境空气质量达标评价和变化趋势分析。监测指标为二氧化硫（SO_2）、二氧化氮（NO_2）、可吸入颗粒物（PM_{10}）、一氧化碳（CO）、臭氧（O_3）、细颗粒物（$PM_{2.5}$）六项污染物。

1.1.1.2 温室气体

2017 年，16 个温室气体背景站中，9 个参与二氧化碳（CO_2）监测结果评价，9 个参与甲烷（CH_4）监测结果评价，8 个参与一氧化二氮（N_2O）监测结果评价。

1.1.1.3 背景站和区域站

2017 年，全国 15 个背景站开展空气背景监测，具体包括山西庞泉沟、内蒙古呼伦贝尔、吉林长白山、福建武夷山、山东长岛、湖北神农架、湖南衡山、广东南岭、海南五指山、海南西沙永兴岛、四川海螺沟、云南丽江、西藏纳木错、青海门源和新疆喀纳斯。监测指标主要包括 SO_2、NO_2、PM_{10}、$PM_{2.5}$、CO 和 O_3。监测方法为 24 h 连续自动监测，监测数据实时报送。

2017 年，全国 92 个区域（农村）环境空气质量监测站（以下简称区域站）开展环境空气质量监测，其中 31 个区域站监测 SO_2、NO_2、PM_{10}，61 个区域站监测 SO_2、NO_2、PM_{10}、$PM_{2.5}$、CO 和 O_3。监测方法均为 24 h 连续自动监测，监测数据实时报送。

1.1.2 评价方法和依据标准

1.1.2.1 地级及以上城市环境空气

2017 年，城市环境空气质量现状评价依据《环境空气质量标准》（GB 3095—2012）和《环境空气质量评价技术规范（试行）》（HJ 663—2013）。

城市环境空气质量达标情况评价指标为 SO_2、NO_2、PM_{10}、$PM_{2.5}$、CO 和 O_3，六项污染物全部达标为城市环境空气质量达标。

SO_2、NO_2、PM_{10}和$PM_{2.5}$年度达标情况由该项污染物年平均浓度对照《环境空气质量标准》（GB 3095—2012）中年平均标准确定；CO年度达标情况由CO日均值第95百分位数浓度对照《环境空气质量标准》（GB 3095—2012）中24 h平均标准确定；O_3年度达标情况由O_3日最大8 h平均第90百分位数浓度对照《环境空气质量标准》（GB 3095—2012）中8 h平均标准确定。达到或好于国家环境空气质量二级标准为达标，超过二级标准为超标。

表1.1-1 《环境空气质量标准》（GB 3095—2012）部分污染物浓度限值

污染物名称	取值时间	浓度单位	浓度限值	
			一级标准	二级标准
二氧化硫（SO_2）	年平均	μg/m^3	20	60
二氧化氮（NO_2）	年平均	μg/m^3	40	40
可吸入颗粒物（PM_{10}）	年平均	μg/m^3	40	70
细颗粒物（$PM_{2.5}$）	年平均	μg/m^3	15	35
一氧化碳（CO）	24 h平均	mg/m^3	4.0	4.0
臭氧（O_3）	8 h平均	μg/m^3	100	160

1.1.2.2 温室气体

温室气体数据分析参照《环境空气质量标准》（GB 3095—1996）中常规气态污染物的有效性规定，即每日至少有18 h的采样时间则计算日均值，每个月至少有分布均匀的12个有效日均值作为数据统计有效性要求。

1.1.2.3 背景站和区域站

依据《环境空气质量标准》（GB 3095—2012）和《环境空气质量评价技术规范（试行）》（HJ 663—2013）有关要求执行，评价指标包括SO_2、NO_2、PM_{10}、$PM_{2.5}$、CO、O_3。

1.2 降水

1.2.1 监测情况

2017年，338个地级及以上城市和125个县级城市、区县和地州盟[以下简称463个市（县）]报送了近1 000个降水监测点位降水监测数据，包括降水量、降水pH值、电导率，其中，384个城市对硫酸根离子（SO_4^{2-}）、硝酸根离子（NO_3^-）、氟离子（F^-）、氯离子（Cl^-）、铵离子（NH_4^+）、钙离子（Ca^{2+}）、镁离子（Mg^{2+}）、钠离子（Na^+）、钾离子（K^+）9种离子成分全部进行了监测。

1.2.2　评价方法和依据标准

降水 pH 值低于 5.6 为酸雨、低于 5.0 为较重酸雨、低于 4.5 为重酸雨。用降水 pH 年均值和酸雨出现的频率评价酸雨状况。酸雨城市指降水 pH 年均值低于 5.6 的市（县），较重酸雨城市是指降水 pH 年均值低于 5.0 的市（县），重酸雨城市是指降水 pH 年均值低于 4.5 的市（县）。

1.3　淡水水质

1.3.1　监测情况

1.3.1.1　地表水监测

2017 年，地表水水质监测按照中华人民共和国环境保护部《关于印发〈“十三五”国家地表水环境质量监测网设置方案〉的通知》开展。国家地表水环境监测网覆盖全国主要河流干流及重要的一级、二级支流，兼顾重点区域的三级、四级支流，重点湖泊、水库等。其中，评价、考核、排名断面（点位）共 1 940 个（简称国考断面），入海控制断面共 195 个（其中 85 个同时为国考断面）。

用于地表水环境质量评价的 1 940 个国考断面包括：长江、黄河、珠江、松花江、淮河、海河和辽河七大流域，浙闽片河流、西北诸河和西南诸河，太湖、滇池和巢湖环湖河流等共 978 条河流的 1 698 个断面；太湖、滇池、巢湖等 112 个（座）重点湖库的 242 个点位（60 个湖泊 173 个点位，52 座水库 69 个点位）。

监测指标为《地表水环境质量标准》（GB 3838—2002）表 1 规定的 24 项指标。河流增测电导率和流量，湖库增测透明度、叶绿素 a 和水位等指标。采样时间为每月 1 日—10 日。2017 年 1—9 月为属地监测；国家地表水环境监测事权上收后，2017 年 10—12 月为采测分离监测。

1.3.1.2　饮用水水源监测

2017 年，按照环境保护部《全国集中式生活饮用水水源地水质监测实施方案》的相关要求，对全国 31 个省份的 338 个地级及以上城市的 898 个在用集中式生活饮用水水源开展水质常规监测，每个水源布设 1 个监测断面（点位），每月上旬采样监测 1 次。

地表水水源每月监测《地表水环境质量标准》（GB 3838—2002）表 1 的基本指标（23 项，化学需氧量除外）、表 2 的补充指标（5 项）和表 3 的优选特定指标（33 项），共 61 项指标，并统计取水量；地下水水源每月监测《地下水质量标准》（GB/T 14848—93）中的 23 项，并统计取水量。

1.3.1.3 生物试点监测

2017 年，中国环境监测总站组织黑龙江、吉林和内蒙古三省（区）的 13 个监测站，在松花江流域 57 个断面(共 72 个采样点位)开展水生生物监测。监测内容包括生境调查、生物群落监测、鱼类生物残留与生长观测。其中，生境调查包括水质感官状况、河流/湖库栖境、人为干扰和自然因素；生物群落监测包括着生藻类、浮游植物和底栖动物的群落结构与种类组成；鱼类生物残留与生长观测包括检测鱼类的重金属和有机物残留情况，以及对鱼类生殖系统的组织切片观察和肝脏遗传毒性检测。监测时间与频次按水期选定，生物群落监测于每年 6 月、9 月采样两次，鱼类生物残留监测于每年 5—6 月采样一次。

1.3.1.4 “三湖一库”蓝藻水华预警监测

监测范围包括“三湖”湖体、太湖饮用水水源、太湖 26 条环湖河流和三峡库区 38 条长江主要支流。其中，太湖湖体监测点位 20 个、饮用水水源监测点位 3 个、环湖河流监测断面 26 个；巢湖湖体监测点位 12 个，东、西半湖各 6 个；滇池监测点位 10 个，外海 8 个、草海 2 个；三峡库区长江主要支流监测断面 77 个。

“三湖”湖体监测水温、透明度、pH、溶解氧、氨氮、高锰酸盐指数、总氮、总磷、叶绿素 a 和藻类密度（鉴别优势种），卫星遥感监测水华面积；环湖河流监测水温、pH、溶解氧、氨氮、高锰酸盐指数、总氮和总磷；三峡库区长江主要支流监测《地表水环境质量标准》基本指标（24 项）以及叶绿素 a、透明度、悬浮物、硝酸盐氮、亚硝酸盐氮、电导率、流速和藻类密度（鉴别优势种）。

太湖监测时间为 2017 年 4 月 1 日—10 月 31 日，3 个饮用水水源监测频次为 1 次/d，20 个湖体点位和 26 个环湖河流断面监测频次为 1 次/周（周一至周三），卫星遥感监测湖体水华频次为 1 次/d；巢湖监测时间为 2017 年 4 月 1 日—10 月 31 日，12 个湖体点位监测频次为 1 次/周，卫星遥感监测湖体水华频次为 1 次/d；滇池监测时间为 2017 年 4 月 1 日—10 月 31 日，10 个湖体监测点位监测频次为 1 次/周（周一至周三），卫星遥感监测湖体水华频次为 2～3 次/周；三峡库区长江主要支流断面监测频次为 1 次/月。

1.3.2 评价方法和依据标准

按照原环境保护部《关于印发〈地表水环境质量评价办法（试行）〉的通知》要求，水质评价指标为《地表水环境质量标准》（GB 3838—2002）表 1 中除水温、总氮（TN）和粪大肠菌群以外的 21 项指标，即 pH、溶解氧（DO）、高锰酸盐指数（COD_{Mn}）、化学需氧量（COD）、五日生化需氧量（BOD_5）、氨氮（NH_3-N）、总磷（TP）、铜、锌、氟化物、硒、砷、汞、镉、铬（六价）、铅、氰化物、挥发酚、石油类、阴离子表面活性剂和硫化物。总氮作为参考指标单独评价（河流总氮除外）。湖（库）营养状态评价指标为叶绿素 a、总磷、总氮、透明度（SD）和高锰酸盐指数共 5 项。

水质评价依据《地表水环境质量标准》（GB 3838—2002），按Ⅰ类～劣Ⅴ类 6 个类别进行评价。湖（库）营养状态评价依据《关于印发〈地表水环境质量评价办法（试行）〉的通知》，按贫营养～重度富营养 5 个级别进行评价。

1.3.2.1　河流

（1）断面水质评价

河流断面水质类别评价采用单因子评价法，即根据评价时段内该断面参评的指标中类别最高的一项来确定。描述断面的水质类别时，使用“符合”或“劣于”等词语。

表 1.3-1　断面水质定性评价

水质类别	水质状况	表征颜色	水质功能
Ⅰ、Ⅱ类	优	蓝色	饮用水水源一级保护区、珍稀水生生物栖息地、鱼虾类产卵场、仔稚幼鱼的索饵场等
Ⅲ类	良好	绿色	饮用水水源二级保护区、鱼虾类越冬场、洄游通道、水产养殖区、游泳区
Ⅳ类	轻度污染	黄色	一般工业用水和人体非直接接触的娱乐用水
Ⅴ类	中度污染	橙色	农业用水及一般景观用水
劣Ⅴ类	重度污染	红色	除调节局部气候外，使用功能较差

（2）河流、流域（水系）水质评价

当河流、流域（水系）的断面总数少于 5 个时，分别计算各断面各项评价指标的浓度算术平均值，然后按照“（1）断面水质评价”方法评价，并按表 1.3-1 指出每个断面的水质类别和水质状况。

表 1.3-2　河流、流域（水系）水质定性评价

水质类别比例	水质状况	表征颜色
Ⅰ～Ⅲ类水质比例≥90%	优	蓝色
75%≤Ⅰ～Ⅲ类水质比例<90%	良好	绿色
Ⅰ～Ⅲ类水质比例<75%，且劣Ⅴ类比例<20%	轻度污染	黄色
Ⅰ～Ⅲ类水质比例<75%，且 20%≤劣Ⅴ类比例<40%	中度污染	橙色
Ⅰ～Ⅲ类水质比例<60%，且劣Ⅴ类比例≥40%	重度污染	红色

当河流、流域（水系）的断面总数在 5 个（含 5 个）以上时，采用断面水质类别比例

法评价，即根据河流、流域（水系）中各水质类别的断面数占河流、流域（水系）所有评价断面总数的百分比来评价其水质状况，不作平均水质类别的评价。

（3）地表水主要超标指标的确定方法

1）断面主要超标指标的确定方法

评价时段内，断面水质为“优”或“良好”时，不评价主要超标指标。断面水质劣于Ⅲ类标准时，先按照不同指标对应水质类别的优劣，选择水质类别最差的前三项指标作为主要超标指标；当不同指标对应的水质类别相同时计算超标倍数，将超标指标按其超标倍数大小排列，取超标倍数最大的前三项为主要超标指标。当氰化物或铅、铬等重金属超标时，应优先作为主要超标指标列入。

确定了主要超标指标的同时，应在指标后标注该指标浓度超过Ⅲ类水质标准的倍数，即超标倍数。水温、pH 和溶解氧等指标不计算超标倍数。

$$\text{超标倍数}=\frac{\text{某指标的浓度值}-\text{该指标的Ⅲ类水质标准}}{\text{该指标的Ⅲ类水质标准}}$$

2）河流、流域（水系）主要超标指标的确定方法

将水质劣于Ⅲ类标准的指标按其断面超标率大小排列，取断面超标率最大的前三项为主要超标指标；断面超标率相同时，按照超标倍数大小排列确定。对于断面数少于 5 个的河流、流域（水系），按“1）断面主要超标指标的确定方法”确定每个断面的主要超标指标。

$$\text{断面超标率}=\frac{\text{某评价指标超过Ⅲ类标准的断面（点位）个数}}{\text{断面（点位）总数}}\times 100\%$$

1.3.2.2 湖（库）

（1）水质评价

①湖（库）单个点位的水质评价按照 1.3.2.1 中“（1）断面水质评价”方法进行。

②当一个湖（库）有多个监测点位时，先分别计算所有点位各项评价指标浓度的算术平均值，然后按照 1.3.2.1 中“（1）断面水质评价”方法评价。

③湖（库）多次监测结果的水质评价，先按时间序列计算湖（库）各个点位各项评价指标浓度的算术平均值，再按空间序列计算湖（库）所有点位各个评价指标浓度的算术平均值，然后按照 1.3.2.1 中“（1）断面水质评价”方法评价。

④对于大型湖（库），亦可分不同的湖（库）区进行水质评价。

⑤河流型水库按照河流水质评价方法进行。

（2）营养状态评价

1）评价方法

采用综合营养状态指数法（TLI（∑））。

2）营养状态分级

采用0～100的一系列连续数字对湖（库）营养状态进行分级：

TLI（∑）<30	贫营养
30≤TLI（∑）≤50	中营养
TLI（∑）>50	富营养
50<TLI（∑）≤60	轻度富营养
60<TLI（∑）≤70	中度富营养
TLI（∑）>70	重度富营养

3）综合营养状态指数

综合营养状态指数计算公式如下：

$$\mathrm{TLI}(\Sigma)=\sum_{j=1}^{m}W_j\cdot\mathrm{TLI}(j)$$

式中，TLI(∑)——综合营养状态指数；

W_j——第 j 种参数的营养状态指数的相关权重；

TLI(j)——第 j 种参数的营养状态指数。

以叶绿素a（chla）作为基准参数，则第 j 种参数的归一化的相关权重计算公式为

$$W_j=\frac{r_{ij}^2}{\sum_{j=1}^{m}r_{ij}^2}$$

式中，r_{ij}——第 j 种参数与基准参数chla的相关系数；

m——评价参数的个数。

表1.3-3 湖（库）部分参数与chla的相关关系 r_{ij} 及 r_{ij}^2 值

参数	叶绿素a（chla）	总磷（TP）	总氮（TN）	透明度（SD）	高锰酸盐指数（COD_{Mn}）
r_{ij}	1	0.84	0.82	–0.83	0.83
r_{ij}^2	1	0.705 6	0.672 4	0.688 9	0.688 9

（3）各指标营养状态指数计算

TLI（chla）=10（2.5+1.086lnchla）

TLI（TP）=10（9.436+1.624lnTP）

TLI（TN）=10（5.453+1.694lnTN）

TLI（SD）=10（5.118–1.94lnSD）

TLI（COD_{Mn}）=10（0.109+2.661lnCOD_{Mn}）

式中，chla单位为mg/m^3，SD单位为m，其他指标单位均为mg/L。

1.3.2.3 饮用水水源

地级及以上城市集中式饮用水水源水质评价依据《地表水环境质量标准》（GB 3838—2002）和《地下水质量标准》（GB/T 14848—93），其中地表水水源水质评价方法参照《地表水环境质量评价方法（试行）》（环办〔2011〕22 号）。

水源评价采用单因子评价法，分为达标和不达标两类。即若水源所有评价指标均达到或优于Ⅲ类标准或相应标准限值，则该水源为达标水源，其取水量为达标取水量；若水源有一项指标劣于Ⅲ类标准或相应标准限值，则该水源为不达标水源，其取水量为不达标取水量。

1.3.2.4 生物试点

（1）生境评价

生境评价设置优先级为：水体功能（包括水质感官状况、河流/湖库栖境）＞人为干扰程度＞自然因素。对 6 项参数（河流/湖库栖境和人为干扰各含两项参数）每项从优到劣赋分 10、7、4、1 四个等级，每个监测断面生境总分由 6 项参数分值累加计算。

（2）藻类植物评价

藻类植物评价采用 Shannon-Wienner 多样性指数和 Pielou 均匀度指数对各断面的水体质量进行评价。

（3）底栖动物评价

底栖动物评价采用 Trent 指数、BMWP 记分系统、每科平均记分值（ASPT）、生物学污染指数（BPI）、Chandler 生物指数（CBI）、Margalef 丰富度指数和 FBI 指数等 7 种生物学指数进行评价。

表 1.3-4 底栖动物综合评价等级赋分表

评价等级分值		极清洁（9）	清洁（7）	轻污染（5）	中污染（3）	重污染及以下（1）
Trent 指数		Ⅹ	Ⅷ～Ⅸ	Ⅵ～Ⅶ	Ⅲ～Ⅴ	Ⅰ～Ⅱ
BMWP 记分系统	溪流	＞100	71～100	41～70	11～40	0～10
	平原河流	＞81	51～80	25～50	10～24	0～9
ASPT	溪流	＞4.5	3.6～4.4	3.1～3.5	2.1～3.0	0～2.0
	平原河流	＞4.1	3.6～4.0	3.1～3.5	2.1～3.0	0～2.0
Chandler 生物指数		＞300☆	45～300△		0～45	0
生物学污染指数		＜0.1	0.1～0.5	0.5～1.5	1.5～5	＞5
Margalef 丰富度指数		＞3 ☆		3～1		＜1
FBI 指数		0～3.50	3.51～5.00	5.01～5.75	5.76～7.25	7.26～10

注：☆以 9 分赋分，△以 6 分赋分。

除单一指数评价外，将各指数的评价等级进行赋分，划分为极清洁、清洁、轻污染、中污染和重污染及以下等五个等级进行综合评价。

1.3.2.5 “三湖一库”蓝藻水华预警监测

2017 年，“三湖一库”水华评价执行《水华程度分级标准》（暂行）和《水华规模分级标准》（暂行）。

表 1.3-5 水华程度分级标准（暂行）

藻类密度/（个/L）	水华程度
＜2.0×10^{6}	无明显水华
≥2.0×10^{6}	轻微水华
≥1.0×10^{7}	轻度水华
≥5.0×10^{7}	中度水华
≥1.0×10^{8}	重度水华

注：本分级标准现用于“三湖一库”水华特征评价，尚未正式发布。

表 1.3-6 水华规模分级标准（暂行）

遥感监测水华面积比例/%	水华规模
0	未见明显水华
＞0	零星性水华
≥10	局部性水华
≥30	区域性水华
≥60	全面性水华

注：本分级标准现用于“三湖一库”水华特征评价，尚未正式发布。

1.4 近岸海域

1.4.1 监测情况

1.4.1.1 近岸海域海水

2017 年，全国近岸海域环境监测网成员单位按照水期开展 3 期监测，其中 1 期为全指标监测。共布设监测站位 417 个（渤海 81 个、黄海 91 个、东海 113 个、南海 132 个），涉及 11 个省份的 56 个沿海城市。

1.4.1.2 海水浴场

2017 年 6 月 1 日—9 月 30 日，中国环境监测总站组织 16 个沿海城市对 27 个海水浴场开展了水质监测工作，共监测 367 个次。

1.4.1.3 入海河流

2017 年，监测的入海河流断面数为 195 个。

1.4.1.4 直排海污染源

2017 年，对 404 个日排污水量大于 100 m^3 的直排海工业污染源、生活污染源和综合排污口进行了监测。

1.4.2 评价方法和依据标准

1.4.2.1 近岸海域海水

近岸海域海水水质评价依据《海水水质标准》（GB 3097—1997）和《近岸海域环境监测规范》（HJ 442—2008）。评价指标为 pH、溶解氧、化学需氧量、生化需氧量、无机氮、非离子氨、活性磷酸盐、汞、镉、铅、六价铬、总铬、砷、铜、锌、硒、镍、氰化物、硫化物、挥发性酚、石油类、六六六、滴滴涕、马拉硫磷、甲基对硫磷、苯并[*a*]芘、阴离子表面活性剂、粪大肠菌群和大肠菌群共 29 项。

表 1.4-1 海水水质状况分级

水质类别比例	水质状况
一类≥60%且一、二类≥90%	优
一、二类≥80%	良好
一、二类≥60%且劣四类≤30%，或一、二类＜60%且一至三类≥90%	一般
一、二类＜60%且劣四类≤30%，或 30%＜劣四类≤40%，或一、二类＜60%且一至四类≥90%	差
劣四类＞40%	极差

采用单因子评价法，即某一测点海水中任一评价指标超过一类海水标准，该测点水质即为二类，超过二类海水标准即为三类，依此类推。

超标率依据《海水水质标准》（GB 3097—1997）中的二类海水标准值计算。主要超标指标按点位超标率 5%以上的前三位确定。

1.4.2.2　海水浴场

海水浴场水质评价依据《沿海城市海水水质监测方案》。

表 1.4-2　海滨浴场游泳适宜度分级规定

粪大肠菌群/（个/L）	漂浮物质	石油类/（mg/L）	质量等级	海水评价	游泳适宜度
≤100	海面不得出现油膜、浮沫和其他漂浮物质	≤0.05	一级	优	最适宜
101～1 000			二级	良	适宜
1 001～2 000			三级	一般	较适宜
＞2 000	海面无明显油膜、浮沫和其他漂浮物质	＞0.05	四级	差	不适宜

1.4.2.3　入海河流

评价方法与地表水水质相同。

1.4.2.4　直排海污染源

污染物入海总量计算方法如下：

（1）污染物浓度和污水流量实行同步监测的排污口

污染物入海量（t/a）＝污染物平均浓度（mg/L）×污水平均流量（m^3/h）×污水排放时间（h/a）×10^{-6}

（2）未进行污染物浓度和污水流量同步监测的排污河（沟、渠）

污染物入海量（t/a）＝污染物平均浓度（mg/L）×污水入海量（万 t/a）×10^{-2}

监测浓度和加权平均浓度低于检出限的指标，浓度按 1/2 计算，不计总量。

1.5　城市声环境质量

1.5.1　监测情况

1.5.1.1　城市区域

2017 年，全国共有 323 个地级及以上城市报送昼间区域声环境质量监测数据，监测 55 823 个点位，覆盖城市区域面积 28 028 km^2。31 个直辖市和省会城市区域声环境质量昼间监测覆盖面积 10 256.24 km^2。

1.5.1.2 道路交通

2017 年，全国共有 324 个地级及以上城市报送昼间道路交通声环境质量监测数据，监测 21 115 个点位，监测道路长度 35 813.8 km。31 个直辖市和省会城市监测道路长度 9 886.5 km。

1.5.1.3 功能区

2017 年，全国共有 311 个地级及以上城市报送功能区声环境质量监测数据，各类功能区监测 21 838 点次，昼间、夜间各 10 919 点次。31 个直辖市和省会城市各类功能区监测 3 280 点次，昼间、夜间各 1 640 点次。

1.5.2 评价方法和依据标准

1.5.2.1 城市区域

区域声环境质量评价依据《环境噪声监测技术规范 城市声环境常规监测》(HJ 640—2012)，评价指标为昼间平均等效声级和夜间平均等效声级。城市环境噪声整体水平计算如下：

$$\overline{S} = \frac{1}{n}\sum_{i=1}^{n} L_i$$

式中，$\overline{S}$——城市区域昼间平均等效声级（$\overline{S}_{\mathrm{d}}$）或夜间平均等效声级（$\overline{S}_{\mathrm{n}}$），dB（A）；

L_i——第 i 个网格测得的等效声级，dB（A）；

n——有效网格总数。

根据结果按表 1.5-1 进行评价。

表 1.5-1 城市区域环境噪声总体水平等级划分 单位：dB（A）

等级	一级	二级	三级	四级	五级
昼间平均等效声级（$\overline{S}_{\mathrm{d}}$）	≤50.0	50.1～55.0	55.1～60.0	60.1～65.0	>65.0
夜间平均等效声级（$\overline{S}_{\mathrm{n}}$）	≤40.0	40.1～45.0	45.1～50.0	50.1～55.0	>55.0

1.5.2.2 道路交通

道路交通噪声评价依据《环境噪声监测技术规范 城市声环境常规监测》(HJ 640—2012)。评价指标为昼间平均等效声级和夜间平均等效声级。道路交通噪声监测的等效声级采用道路长度加权算数平均法，计算公式如下：

$$\bar{L}=\frac{1}{l}\sum_{i=1}^{n}\left(l_i\times L_i\right)$$

式中，$\bar{L}$——道路交通昼间平均等效声级（$\bar{L}_d$）或夜间平均等效声级（$\bar{L}_n$），dB（A）；

l——监测的道路总长，m；

$$l=\sum_{i=1}^{n}l_i$$

l_i——第 i 测点代表的路段长度，m；

L_i——第 i 测点测得的等效声级，dB（A）。

根据计算结果按表 1.5-2 进行评价。

表 1.5-2　道路交通噪声强度等级划分　　单位：dB（A）

等级	一级	二级	三级	四级	五级
昼间平均等效声级（$\bar{L}_d$）	≤68.0	68.1～70.0	70.1～72.0	72.1～74.0	>74.0
夜间平均等效声级（$\bar{L}_n$）	≤58.0	58.1～60.0	60.1～62.0	62.1～64.0	>64.0

1.5.2.3　功能区

城市功能区声环境质量评价依据《声环境质量标准》（GB 3096—2008）。评价指标为昼间、夜间监测点次的达标率。各功能区的昼间等效声级和夜间等效声级计算如下式，按表 1.5-3 中相应的环境噪声限值进行独立评价。各功能区按监测点次分别统计昼间、夜间达标率。

$$L_d=10\lg\left(\frac{1}{16}\sum_{i=1}^{16}10^{0.1L_i}\right)$$

$$L_n=10\lg\left(\frac{1}{8}\sum_{i=1}^{8}10^{0.1L_i}\right)$$

式中，L_d——昼间等效声级，dB（A）；

L_n——夜间等效声级，dB（A）；

L_i——昼间或夜间小时等效声级，dB（A）。

表 1.5-3　各类功能区环境噪声限值　单位：dB（A）

功能区	0 类	1 类	2 类	3 类	4a 类	4b 类
昼间	≤50	≤55	≤60	≤65	≤70	≤70
夜间	≤40	≤45	≤50	≤55	≤55	≤60

1.6　生态环境质量

1.6.1　监测情况

1.6.1.1　全国

根据《2016 年国家环境监测方案》①，中国环境监测总站组织全国 31 个省份环境监测中心（站）开展全国生态环境监测与评价工作，对全国生态环境状况及变化趋势进行分析。数据主要以 Landsat8 OLI（502 景）、ZY-3（1 336 景）、GF-1/2（3 474 景）、MODIS NDVI（1 260 景）等多源遥感数据为主，环境统计、水资源、基础地理信息、土壤侵蚀等数据为辅，遥感监测指标为土地利用/覆盖数据（6 大类、26 小项）。数据分析和处理方法统一执行《全国生态环境监测与评价实施方案》。

1.6.1.2　生态功能区

国家重点生态功能区评价范围为每年度中央财政国家重点生态功能区转移支付县域。2017 年，国家重点生态功能区转移支付县域总数为 818 个。按照生态功能类型划分，818 个县域中防风固沙类型有 83 个、水土保持类型有 190 个、水源涵养类型有 362 个、生物多样性维护类型有 183 个，分布在除上海、江苏以及港澳台地区以外的其他 29 个省份。

国家重点生态功能区县域生态环境质量监测包括自然生态状况（林地、草地、水域湿地、耕地、建设用地等）监测和地表水水质、集中式饮用水水源水质、空气质量及污染源监测。其中自然生态状况采用遥感手段监测，以国产高分影像为主要数据源，解译县域范围林、草、水域湿地、耕地、建设用地等各类生态类型。地表水、集中式饮用水水源、空气质量和污染源均采用手工监测，其中地表水共布设监测断面 1 720 个，按月监测；集中式饮用水水源布设监测点位 1 021 个，其中地表水水源按季度监测，地下水水源每半年监测一次；空气质量布设监测点位 950 个，其中自动监测点位 778 个；废水、废气污染源及污水处理厂共 2 785 个，按季度开展监测。

①受数据收集时间所限，生态环境质量评价较其他环境要素滞后一年。

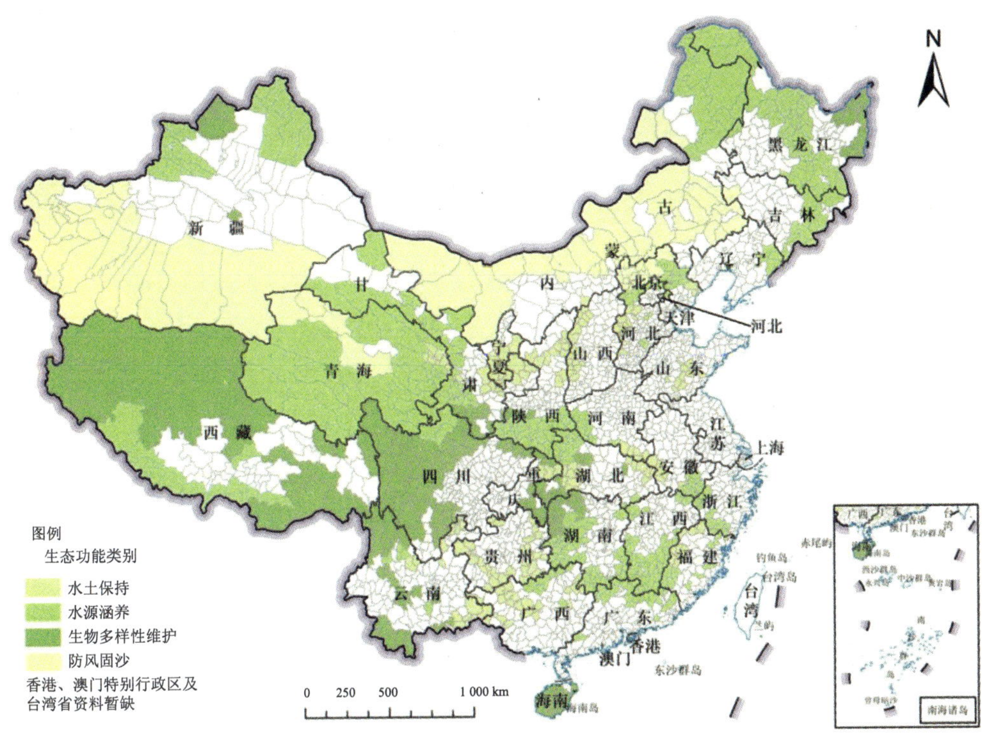

图 1.6-1 国家重点生态功能区县域分布示意

1.6.2 评价方法和依据标准

1.6.2.1 全国

全国生态环境状况评价依据《生态环境状况评价技术规范》（HJ 192—2015）。

表 1.6-1 生态环境状况分级

级别	优	良	一般	较差	差
指数	EI≥75	55≤EI<75	35≤EI<55	20≤EI<35	EI<20
描述	植被覆盖度高，生物多样性丰富，生态系统稳定	植被覆盖度较高，生物多样性较丰富，适合人类生活	植被覆盖度中等，生物多样性一般水平，较适合人类生活，但有不适合人类生活的制约性因子出现	植被覆盖较差，严重干旱少雨，物种较少，存在着明显限制人类生活的因素	条件较恶劣，人类生活受到限制

表 1.6-2 生态环境状况变化分级

级别	无明显变化	略微变化	明显变化	显著变化
变化值	$\lvert\Delta EI\rvert<1$	$1\leqslant\lvert\Delta EI\rvert<3$	$3\leqslant\lvert\Delta EI\rvert<8$	$\lvert\Delta EI\rvert\geqslant8$

1.6.2.2 生态功能区

生态功能区县域生态环境质量评价方法执行 2015 年环境保护部颁发的《生态环境状况评价技术规范》（HJ 192—2015）中“6.1 生态功能区生态功能评价”方法和分级标准。

1.7 农村环境质量

1.7.1 监测情况

2017 年，农村环境空气质量共监测 31 个省份及新疆生产建设兵团的 2 150 个村庄；县域农村地表水水质状况共监测 31 个省份及新疆生产建设兵团的 1 946 个断面；饮用水水源水质状况共监测 31 个省份的 2 146 个村庄 2 239 个断面（点位），其中地表水饮用水水源监测断面 1 139 个，地下水饮用水水源监测点位 1 100 个。

1.7.2 评价方法和依据标准

1.7.2.1 环境空气

评价指标为二氧化硫（SO_2）、二氧化氮（NO_2）、可吸入颗粒物（PM_{10}）、细颗粒物（$PM_{2.5}$）、臭氧（O_3）、一氧化碳（CO），评价参照《环境空气质量标准》（GB 3095—2012）。

1.7.2.2 地表水

评价指标为《地表水环境质量标准》（GB 3838—2002）表 1 中基本指标（共 24 项），评价依据《地表水环境质量评价办法（试行）》。

1.7.2.3 饮用水水源

地表水饮用水水源评价指标为《地表水环境质量标准》（GB 3838—2002）表 1 中 24 项基本指标和表 2 中 5 项补充指标，共 29 项。地下水饮用水水源评价指标为《地下水质量标准》（GB/T 14848—93）中 23 项。

饮用水水源水质评价按照《地表水环境质量标准》（GB 3838—2002）和《地下水质量

标准》（GB/T 14848—93）III类标准或相应标准限值，采用单因子评价法。

1.7.2.4 土壤

评价指标分为必测项目和选测项目。必须项目：pH、阳离子交换量；镉、汞、砷、铅铬等元素的全量；选测项目：基本农田根据当地实际情况监测特征有机污染物。工业型村庄根据具体情况，增加特征污染物项目的监测。

土壤环境质量评价标准执行《土壤环境质量标准》（GB 15618—1995）中的二级标准和《全国土壤污染状况评价技术规定》（环发〔2008〕39 号）。

1.8 辐射环境质量

1.8.1 监测情况

辐射环境质量监测内容包括空气吸收剂量率、空气、水体、土壤和电磁辐射的监测。根据《全国辐射环境监测方案》，2017 年空气吸收剂量率监测包括 111 个地级及以上城市的空气吸收剂量率在线连续监测、227 个地级及以上城市的累积剂量监测；空气监测包括 103 个地级及以上城市的气溶胶监测，直辖市和省会城市的沉降物、空气和降水中氚、气态放射性碘同位素监测；水体监测包括十大流域和 20 座湖泊（水库）的地表水监测，336 个地级及以上城市的集中式饮用水水源水监测，31 个城市的地下水监测，沿海 11 个省份的海水监测；此外，还包括 338 个地级及以上城市的土壤监测、直辖市和省会城市的电磁辐射监测。电离辐射监测项目主要包括空气吸收剂量率、累积剂量、总α和总β、铀、钍、镭-226、铅-210、钋-210、氚、锶-90、铯-137 和 γ 能谱分析等；电磁辐射监测项目为环境综合电场强度。

1.8.2 评价方法和依据标准

辐射环境质量的评价依据为《电离辐射防护与辐射源安全基本标准》（GB 18871—2002）、《电磁环境控制限值》（GB 8702—2014）、《生活饮用水卫生标准》（GB 5749—2006）和《海水水质标准》（GB 3097—1997）。

第二篇

生态环境质量状况

2.1 城市环境空气质量

2.1.1 地级及以上城市

2.1.1.1 总体情况

2017 年，338 个地级及以上城市中有 99 个城市环境空气质量达标，占 29.3%。239 个城市超标，占 70.7%，其中 217 个城市 $PM_{2.5}$ 超标，占 64.2%；179 个城市 PM_{10} 超标，占 53.0%；109 个城市 O_3 超标，占 32.2%；67 个城市 NO_2 超标，占 19.8%；4 个城市 CO 超标，占 1.2%；3 个城市 SO_2 超标，占 0.9%。从污染物超标项数来看，1 项污染物超标的城市有 58 个，2 项污染物超标的城市有 78 个，3 项污染物超标的城市有 51 个，4 项污染物超标的城市有 48 个，5 项污染物超标的城市有 4 个（临汾、安阳、晋城和晋中）。

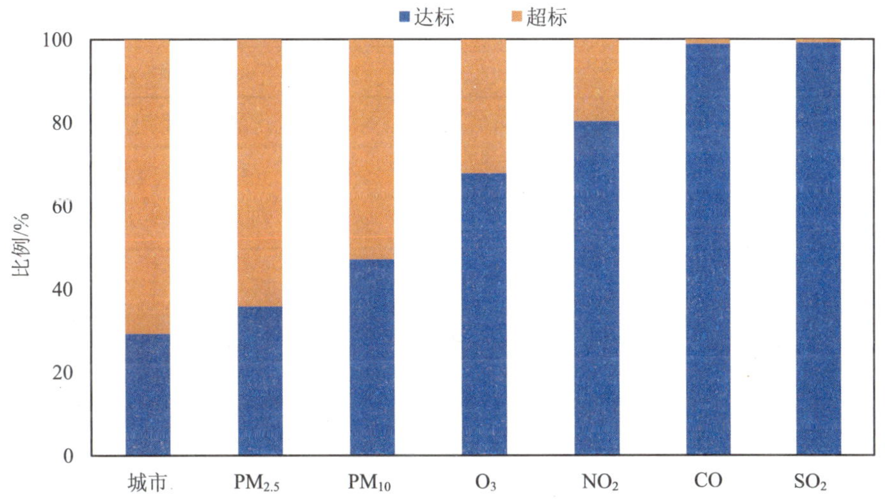

图 2.1-1 2017 年地级及以上城市空气质量达标比例

若不扣除沙尘天气影响，2017 年 338 个地级及以上城市中有 92 个城市环境空气质量达标，占 27.2%。246 个城市超标，占 72.8%，其中 227 个城市 $PM_{2.5}$ 超标，占 67.2%；189 个城市 PM_{10} 超标，占 55.9%。

表 2.1-1　2017 年各省（区、市）地级及以上城市空气质量级别情况

省份	城市数量/个		超标城市比例/%	省份	城市数量/个		超标城市比例/%
	达标	超标			达标	超标	
北京	0	1	100.0	湖北	0	13	100.0
天津	0	1	100.0	湖南	0	14	100.0
河北	0	11	100.0	广东	11	10	47.6
山西	0	11	100.0	广西	6	8	57.1
内蒙古	7	5	41.7	海南	2	0	0.0
辽宁	1	13	92.9	重庆	0	1	100.0
吉林	3	6	66.7	四川	6	15	71.4
黑龙江	6	7	53.8	贵州	8	1	11.1
上海	0	1	100.0	云南	16	0	0.0
江苏	0	13	100.0	西藏	6	1	14.3
浙江	3	8	72.7	陕西	1	9	90.0
安徽	1	15	93.8	甘肃	3	11	78.6
福建	9	0	0.0	青海	6	2	25.0
江西	0	11	100.0	宁夏	0	5	100.0
山东	1	16	94.1	新疆	3	13	81.3
河南	0	17	100.0	总计	99	239	70.7

2.1.1.2　各省份空气质量状况

2017 年，河北、天津、河南等 23 个省份 $PM_{2.5}$ 平均浓度超过二级标准，新疆、河南、河北等 18 个省份 PM_{10} 平均浓度超过二级标准，北京、河北、天津等 10 个省份 O_3 日最大 8 h 平均第 90 百分位数浓度超过二级标准，各省份 SO_2 平均浓度均达到二级标准限值，天津、河北、重庆、北京、上海、山西、陕西和河南 8 个省份 NO_2 平均浓度超过二级标准，各省份 CO 日均值第 95 百分位数浓度均达到二级标准。

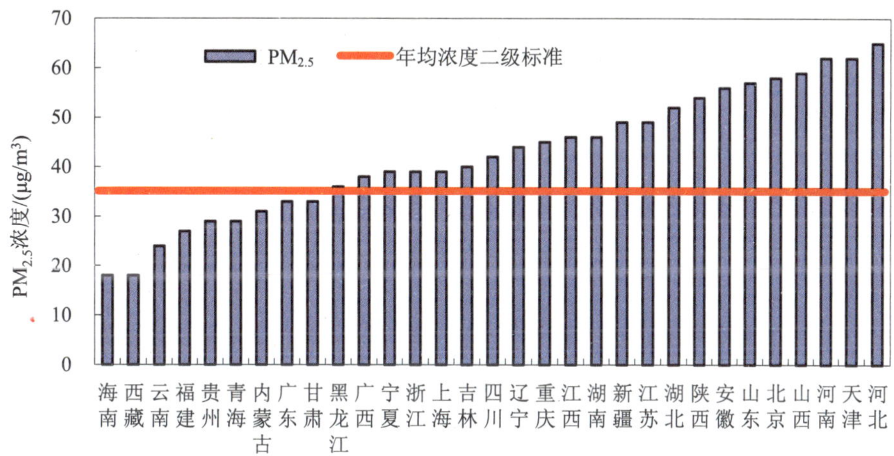
PM2.5
年均浓度二级标准
PM2.5浓度/(μg/m3)
0 10 20 30 40 50 60 70
海南 西藏 云南 福建 贵州 青海 内蒙古 广东 甘肃 黑龙江 广西 宁夏 浙江 上海 吉林 四川 辽宁 重庆 江西 湖南 新疆 江苏 湖北 陕西 安徽 山东 北京 山西 河南 天津 河北

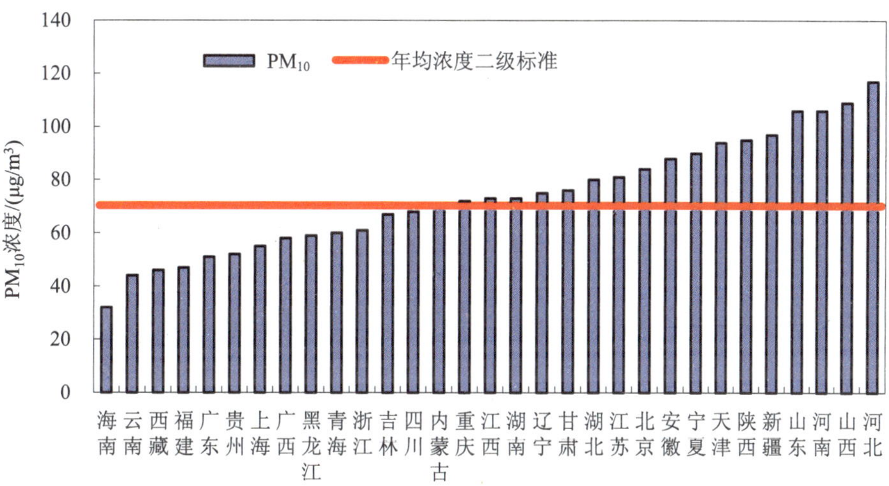
PM10
年均浓度二级标准
PM10浓度/(μg/m3)
0 20 40 60 80 100 120 140
海南 云南 西藏 福建 广东 贵州 上海 广西 黑龙江 青海 浙江 吉林 四川 内蒙古 重庆 江西 湖南 辽宁 甘肃 湖北 江苏 北京 安徽 宁夏 天津 陕西 新疆 山东 河南 山西 河北

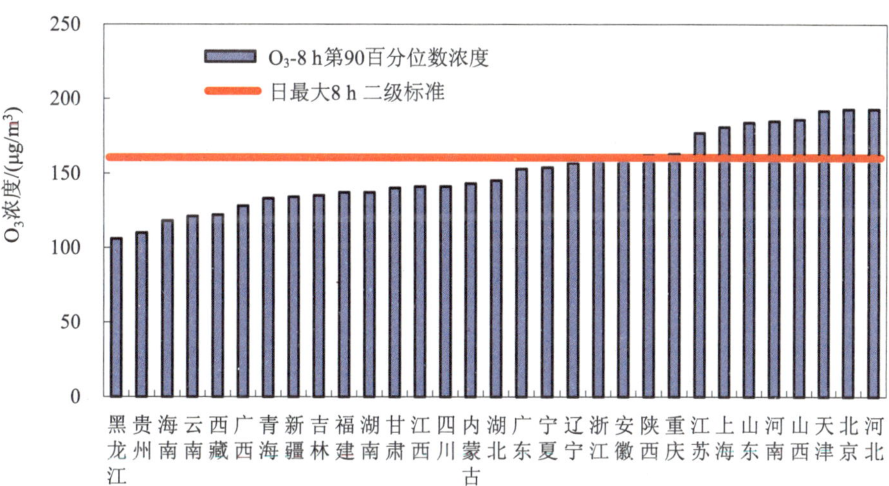
O3-8 h第90百分位数浓度
日最大8 h 二级标准
O3浓度/(μg/m3)
0 50 100 150 200 250
黑龙江 贵州 海南 云南 西藏 广西 青海 新疆 吉林 福建 湖南 甘肃 江西 四川 内蒙古 湖北 广东 宁夏 辽宁 浙江 安徽 陕西 重庆 江苏 上海 山东 河南 山西 天津 北京 河北

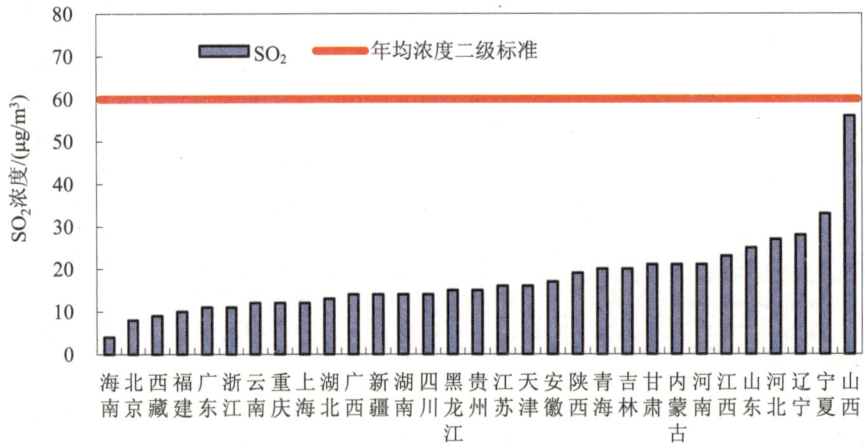

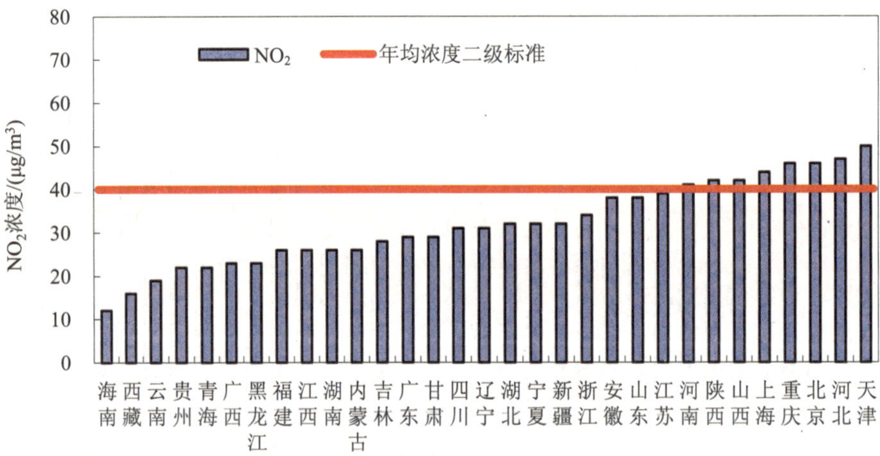

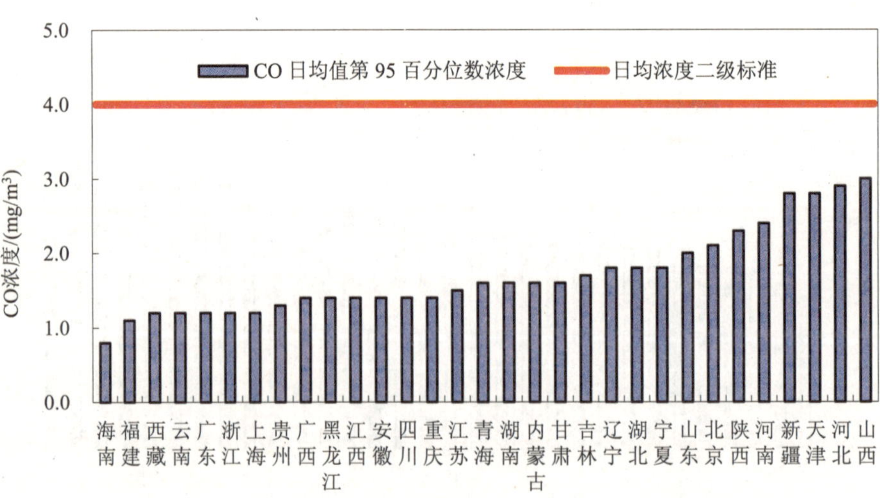

图 2.1-2　2017 年各省六项污染物浓度比较

2.1.1.3 各项污染物

（1）$PM_{2.5}$

2017 年，地级及以上城市 $PM_{2.5}$ 年均浓度达到一级标准的城市有 10 个（占 3.0%），达到二级标准的城市有 111 个（占 32.8%），超过二级标准的城市有 217 个（占 64.2%）。全国地级及以上城市 $PM_{2.5}$ 达标城市比例为 35.8%，同比提高 6.2 个百分点。

地级及以上城市 $PM_{2.5}$ 年均浓度在 10～86 μg/m^3 之间，平均为 43 μg/m^3，同比下降 6.5%。年均浓度在 20～60 μg/m^3 范围分布的城市比例最高，占 79.6%。

表 2.1-2 $PM_{2.5}$ 年均浓度级别比例年际比较

$PM_{2.5}$ 年均浓度级别	地级及以上城市比例/%	
	2016 年	2017 年
一级	1.5	3.0
二级	28.1	32.8
超二级标准	70.4	64.2

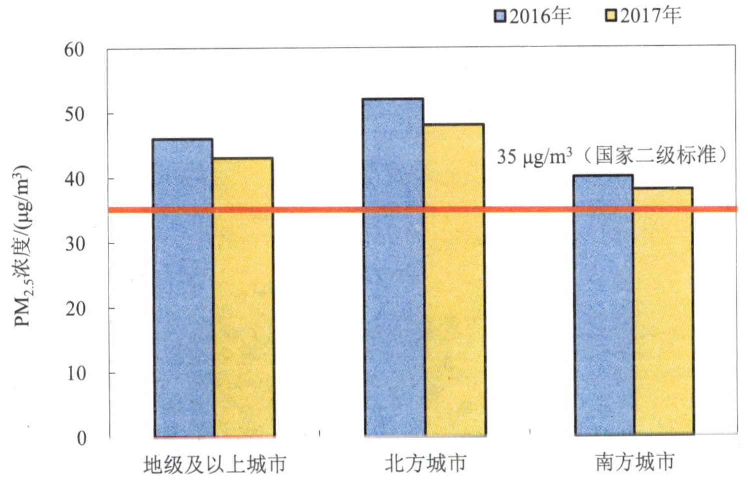

图 2.1-3 $PM_{2.5}$ 年均浓度年际比较[①]

① 南北方划分主要以秦岭—淮河一线为主要分界线，同时考虑我国自然地理区划和行政区划，将西北五省、东北三省、华北五省、河南、山东所有地级及以上城市以及皖北 6 市、苏北 5 市划分为北方地区，共计 170 个地级及以上城市；将西南五省、华南三省、鄂湘、沪浙闽赣所有地级及以上城市以及安徽中南部 10 市、江苏中南部 8 市划为南方地区，共计 168 个地级及以上城市。

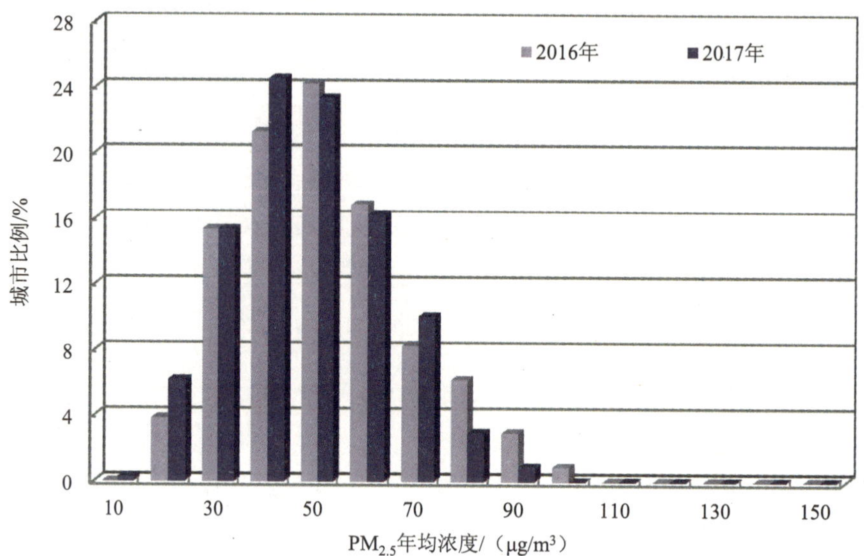

图 2.1-4　地级及以上城市 $PM_{2.5}$ 年均浓度区间分布年际比较

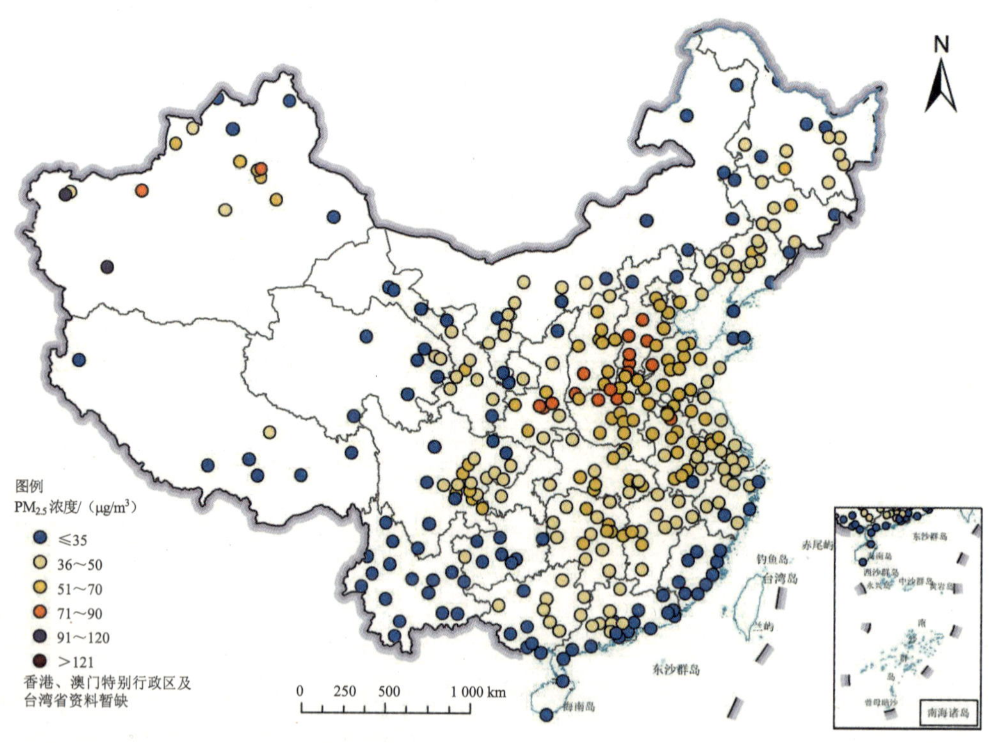

图 2.1-5　地级及以上城市 $PM_{2.5}$ 年均浓度分布示意

若不扣除沙尘影响，2017 年，地级及以上城市 $PM_{2.5}$ 年均浓度达到一级标准的城市有 10 个（占 3.0%），达到二级标准的城市有 101 个（占 29.9%），劣于二级标准的城市有 227 个（占 67.2%）。地级及以上城市 $PM_{2.5}$ 达标城市比例为 32.8%，同比提高 4.7 个百分点。地级及以上城市 $PM_{2.5}$ 年均浓度在 10～100 μg/m³ 之间，平均为 44 μg/m³，同比下降 6.4%。

（2）PM_{10}

2017 年，地级及以上城市 PM_{10} 年均浓度达到一级标准的城市有 22 个（占 6.5%），达到二级标准的城市有 137 个（占 40.5%），超过二级标准的城市有 179 个（占 53.0%）。全国地级及以上城市 PM_{10} 达标城市比例为 47.0%，同比上升 4.1 个百分点。

地级及以上城市 PM_{10} 年均浓度在 23～154 μg/m³ 之间，平均为 75 μg/m³，同比下降 5.1%。年均浓度在 40～100 μg/m³ 范围分布的城市比例最高，占 76.0%。

表 2.1-3　PM_{10} 年均浓度级别比例年际比较

PM_{10} 年均浓度级别	地级及以上城市比例/%	
	2016 年	2017 年
一级	6.5	6.5
二级	36.4	40.5
超二级标准	57.1	53.0

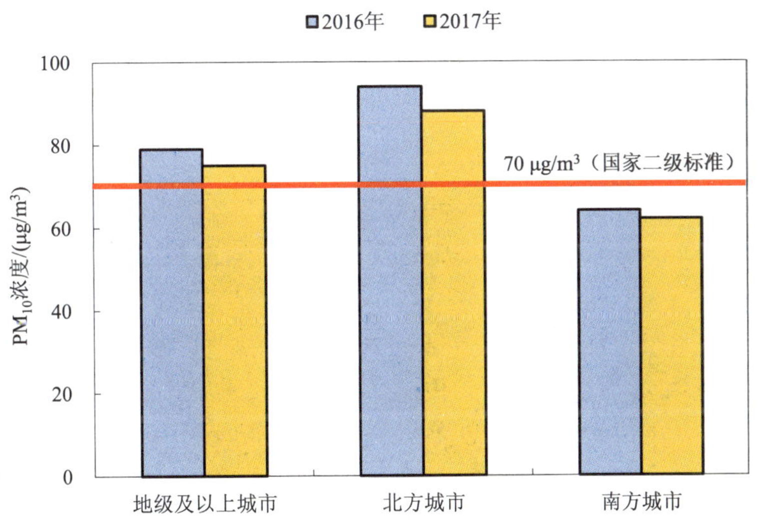

图 2.1-6　PM_{10} 年均浓度年际比较

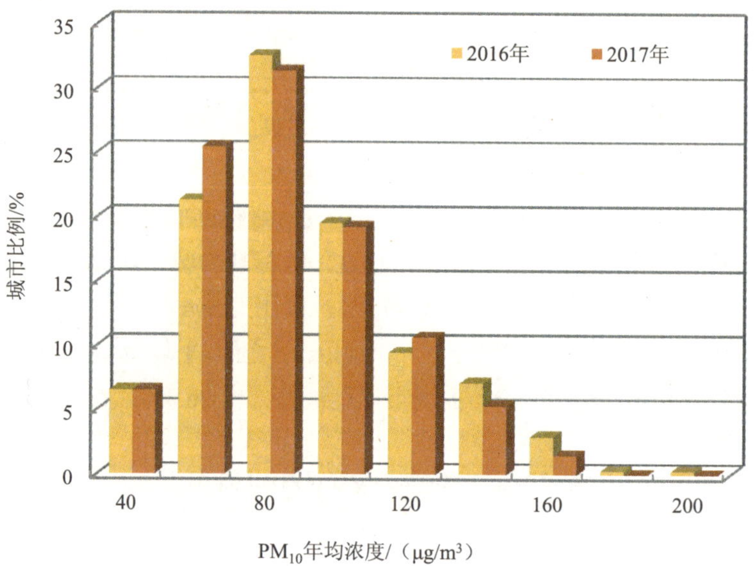

图 2.1-7 地级及以上城市 PM_{10} 年均浓度区间分布年际比较

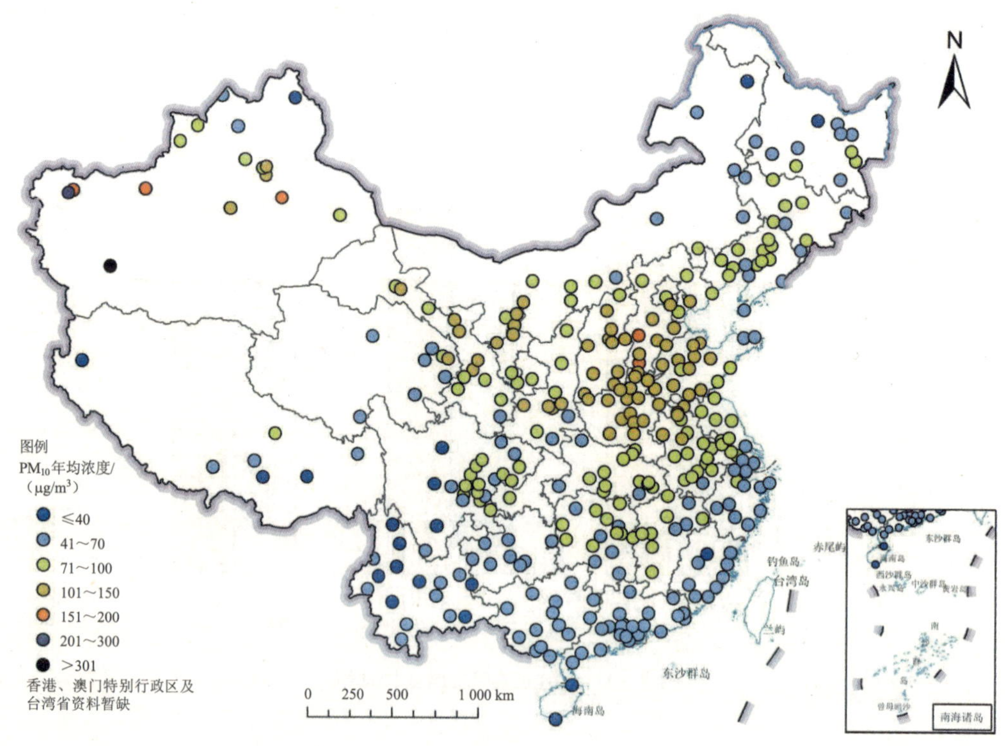

图 2.1-8 地级及以上城市 PM_{10} 年均浓度分布示意

若不扣除沙尘影响，2017 年，地级及以上城市 PM_{10} 年均浓度达到一级标准的城市有 20 个（占 5.9%），达到二级标准的城市有 129 个（占 38.2%），劣于二级标准的城市有 189 个（占 55.9%）。全国地级及以上城市 PM_{10} 达标城市比例为 44.1%，同比上升 2.4 个百分点。地级及以上城市 PM_{10} 年均浓度在 23～320 μg/m³ 之间，平均为 80 μg/m³，同比下降 2.4%。

（3）O_3

2017 年，地级及以上城市 O_3 日最大 8 h 平均第 90 百分位数浓度达到一级标准的城市有 8 个（占 2.4%），达到二级标准的城市有 221 个（占 65.4%），超过二级标准的城市有 109 个（占 32.2%）。全国地级及以上城市 O_3 达标城市比例为 67.8%，同比下降 14.7 个百分点。

表 2.1-4 O_3 日最大 8 h 平均第 90 百分位数浓度级别比例年际比较

O_3 日最大 8 h 平均第 90 百分位数浓度级别	地级及以上城市比例/%	
	2016 年	2017 年
一级	7.1	2.4
二级	75.4	65.4
超二级标准	17.5	32.2

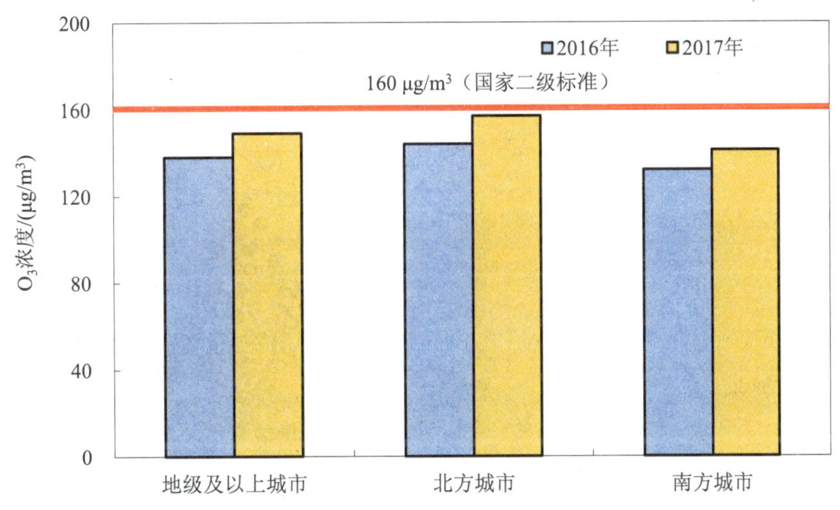

图 2.1-9 O_3 日最大 8 h 平均第 90 百分位数浓度年际比较

地级及以上城市 O_3 日最大 8 h 平均第 90 百分位数浓度在 78～218 μg/m³ 之间，平均为 149 μg/m³，同比上升 8.0%。在 120～165 μg/m³ 范围分布的城市比例最高，占 58.6%。

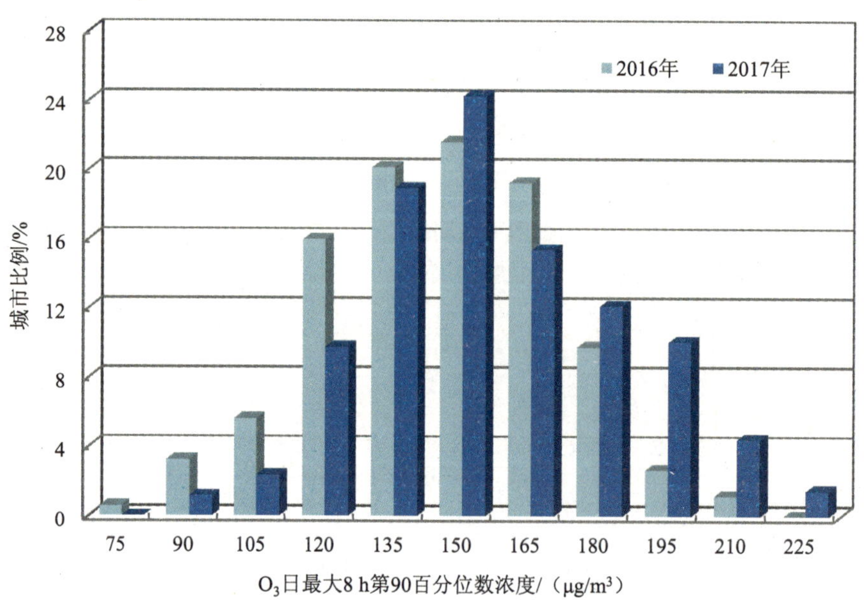

图 2.1-10　地级及以上城市 O_3 日最大 8 h 平均第 90 百分位数浓度区间分布及年际比较

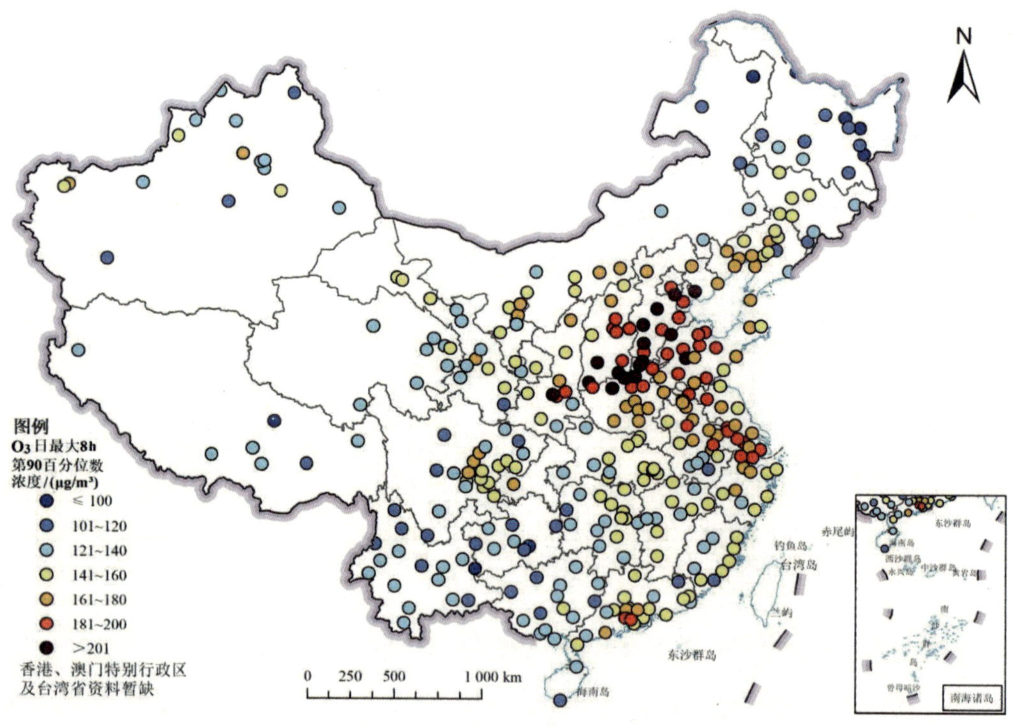

图 2.1-11　地级及以上城市 O_3 日最大 8 h 平均第 90 百分位数浓度分布示意

（4）SO_2

2017 年，地级及以上城市中，SO_2 年均浓度达到一级标准的城市有 241 个（占 71.3%），达到二级标准的城市有 94 个（占 27.8%），超过二级标准的城市有 3 个（占 0.9%）。全国地级及以上城市 SO_2 达标城市比例为 99.1%，同比上升 2.1 个百分点。

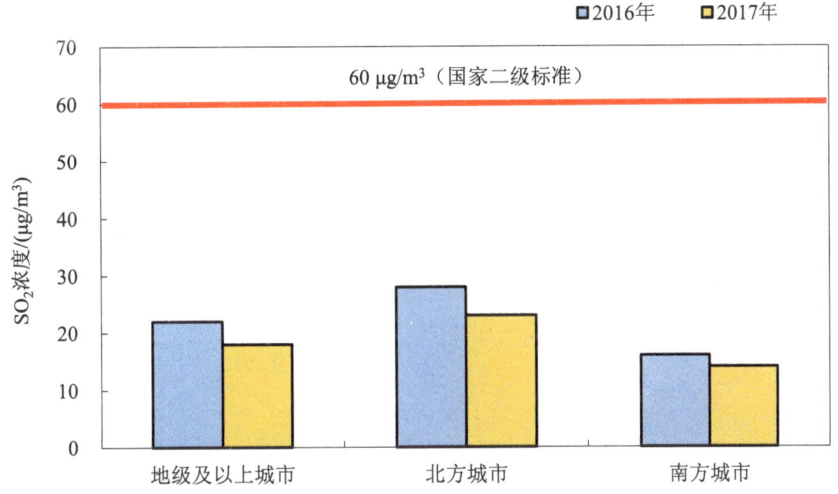

图 2.1-12　SO_2 年均浓度年际比较

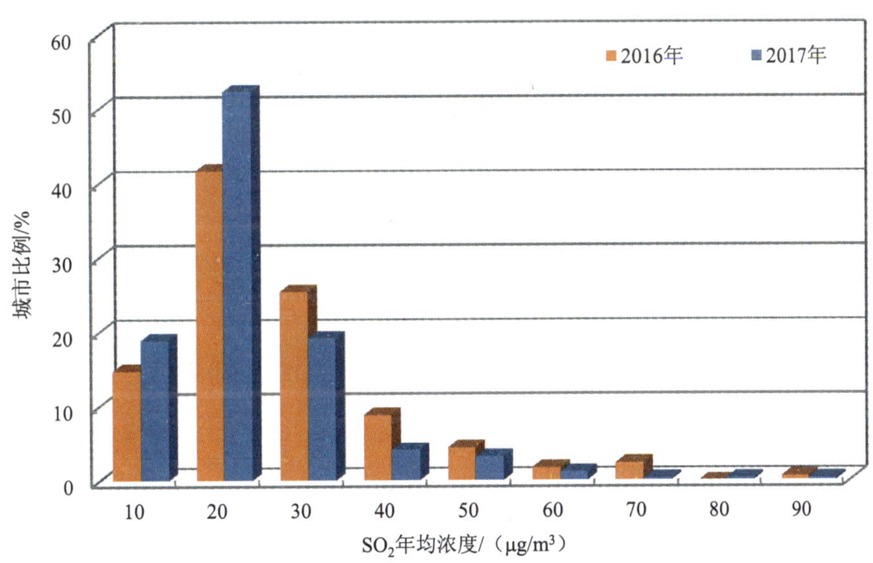

图 2.1-13　地级及以上城市 SO_2 年均浓度区间分布年际比较

表 2.1-5　SO_2 年均浓度级别比例年际比较

SO_2 年均浓度级别	地级及以上城市比例/%	
	2016 年	2017 年
一级	56.5	71.3
二级	40.5	27.8
超二级标准	3.0	0.9

地级及以上城市 SO_2 年均浓度在 2～84 μg/m³ 之间，平均为 18 μg/m³，同比下降 18.2%。年均浓度在 0～30 μg/m³ 范围分布的城市比例最高，占 90.5%。

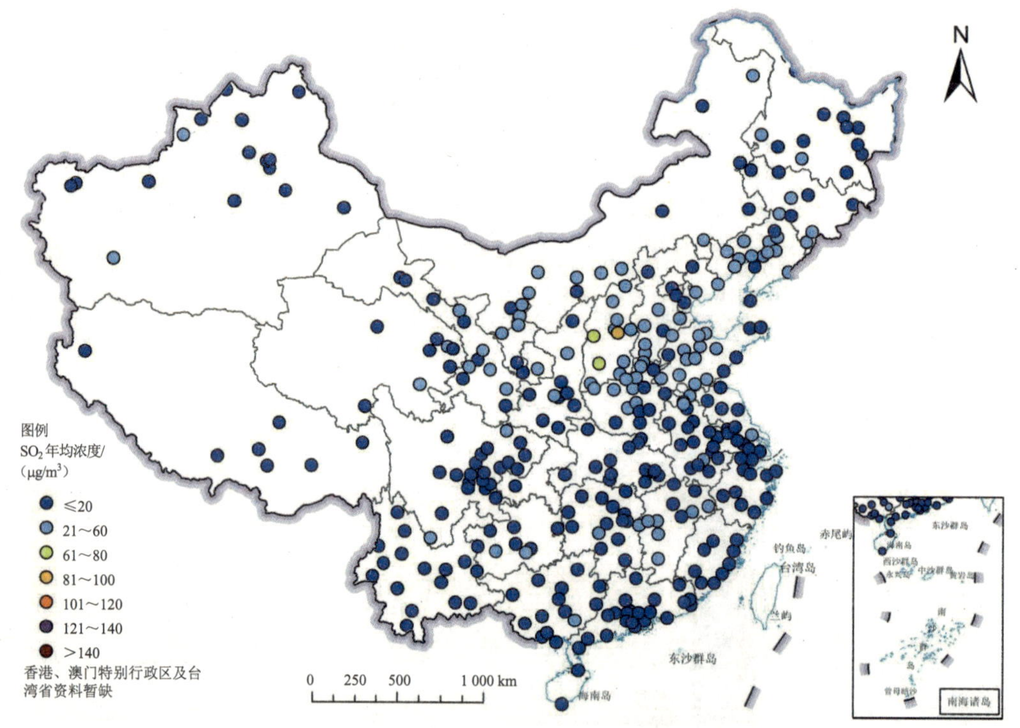

图 2.1-14　地级及以上城市 SO_2 年均浓度分布示意

（5）NO_2

2017 年，地级及以上城市中，NO_2 年均浓度达到一级标准/二级标准的城市有 270 个（占 80.1%），同比下降 3.2 个百分点；超过二级标准的城市有 68 个（占 19.8%）。

地级及以上城市 NO_2 年均浓度在 9～59 μg/m³ 之间，平均为 31 μg/m³，同比上升 3.3%。年均浓度在 15～40 μg/m³ 范围分布的城市比例最高，占 72.8%。

表 2.1-6 NO_2 年均浓度级别比例年际比较

NO_2 年均浓度级别	地级及以上城市比例/%	
	2016 年	2017 年
一级/二级	83.1	80.1
超二级标准	16.9	19.8

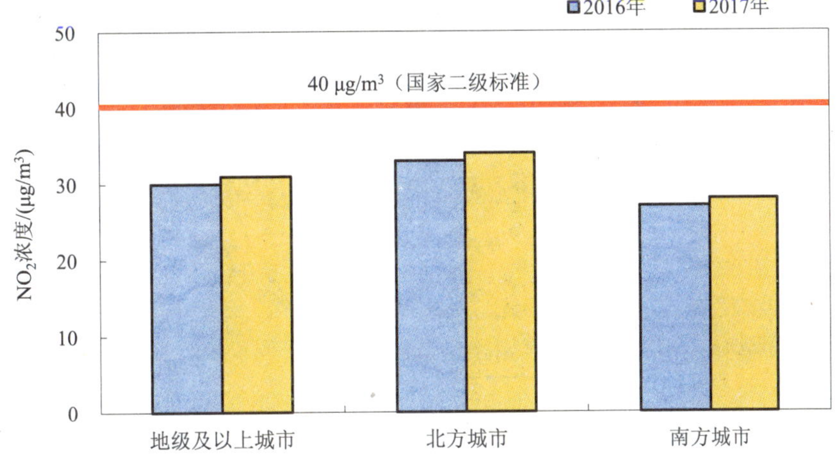

图 2.1-15 NO_2 年均浓度年际比较

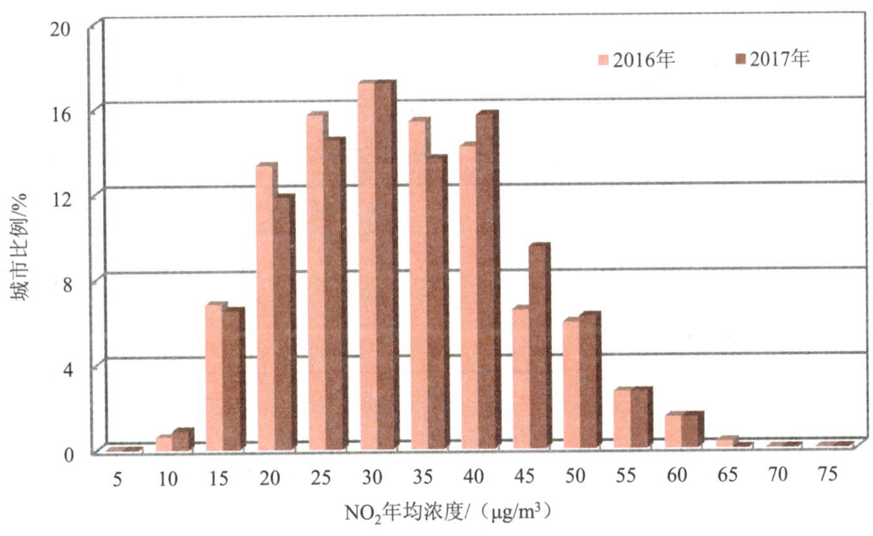

图 2.1-16 地级及以上城市 NO_2 年均浓度区间分布年际比较

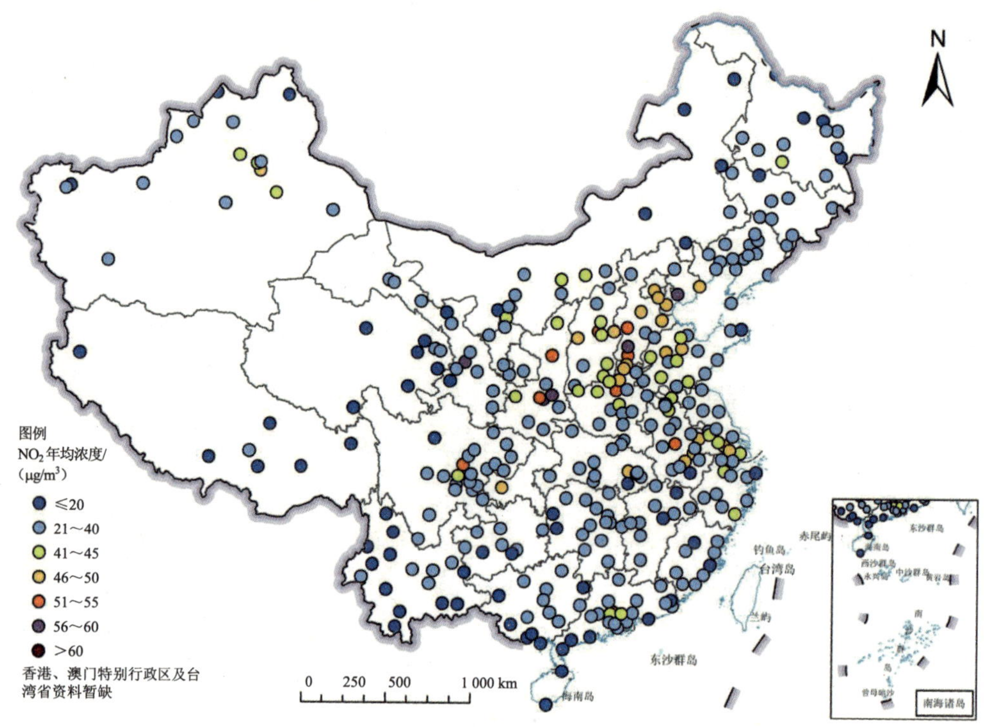

图 2.1-17　地级及以上城市 NO_2 年均浓度分布示意

（6）CO

2017 年，地级及以上城市 CO 日均值第 95 百分位数（CO 95PER）浓度达到一级标准/二级标准的城市有 334 个（占 98.8%），同比提高 1.8 个百分点，超过二级标准的城市有 4 个（占 1.2%）。

表 2.1-7　CO 日均值第 95 百分位数浓度级别比例年际比较

CO 日均值第 95 百分位数浓度级别	地级及以上城市比例/%	
	2016 年	2017 年
一级/二级	97.0	98.8
超二级标准	3.0	1.2

地级及以上城市 CO 日均值第 95 百分位数浓度在 0.5～5.1 mg/m^3 之间，平均为 1.7 mg/m^3，同比下降 10.5%。浓度在 0.8～2.0 mg/m^3 范围分布的城市比例最高，占 74.3%。

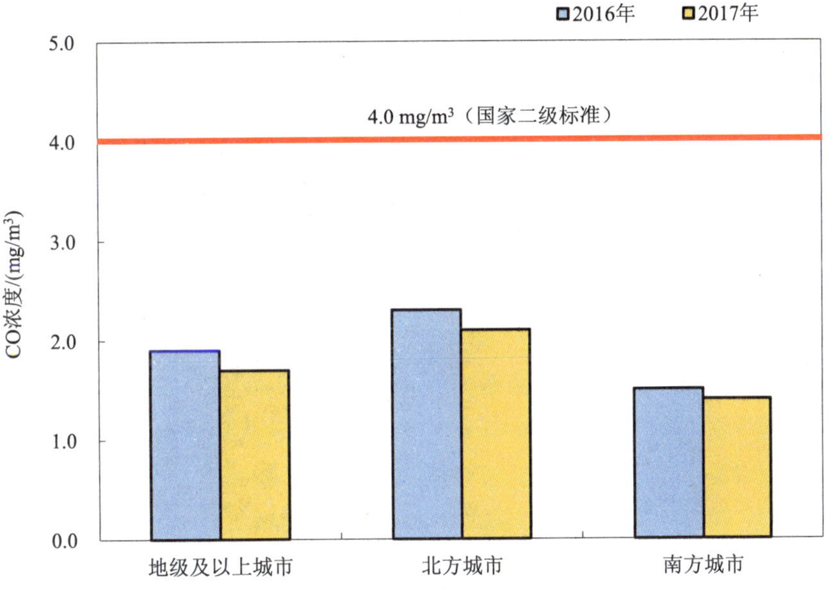

图 2.1-18　CO 日均值第 95 百分位数浓度年际比较

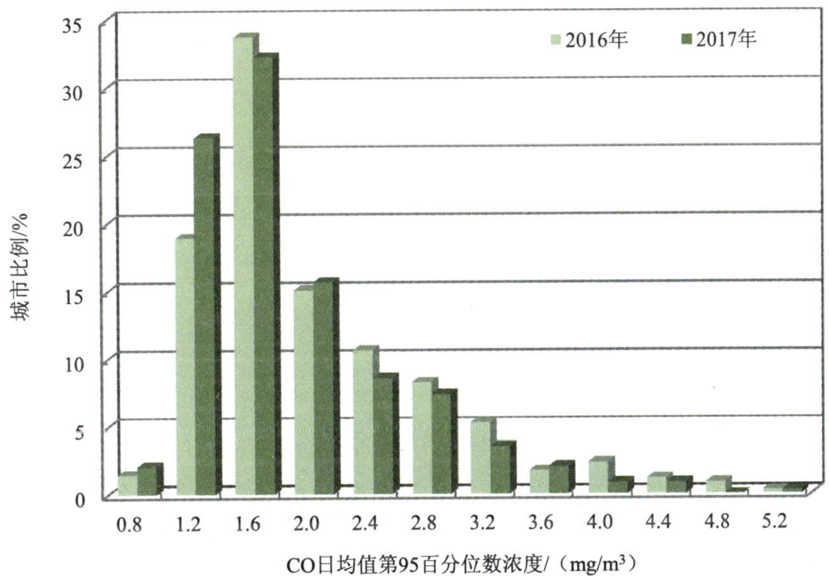

图 2.1-19　地级及以上城市 CO 日均值第 95 百分位数浓度区间分布年际比较

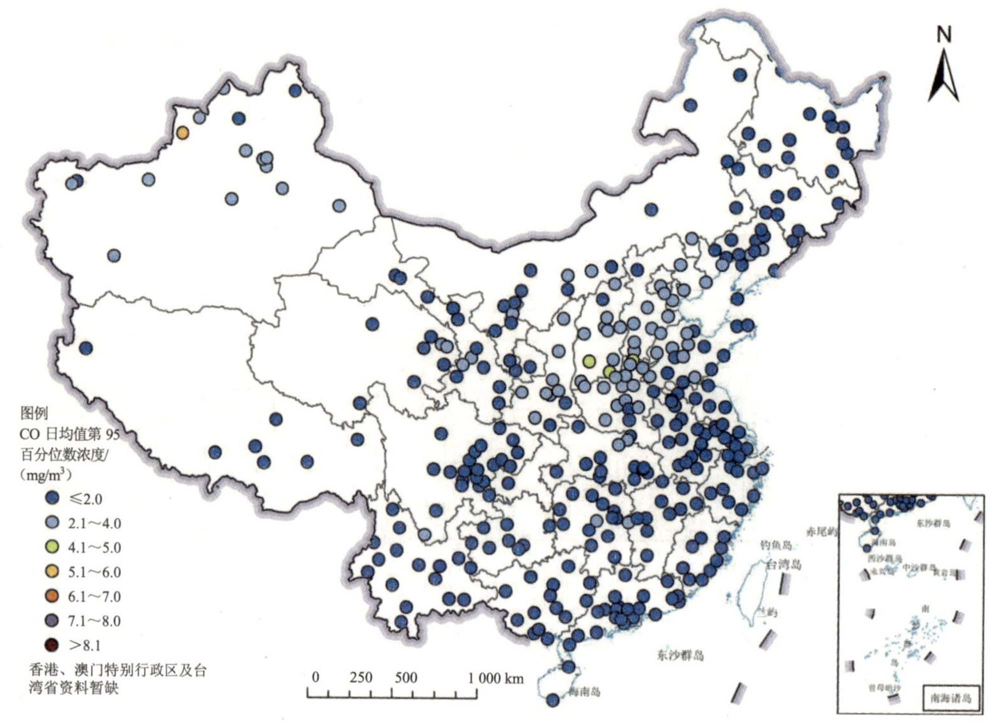

图 2.1-20 地级及以上城市 CO 日均值第 95 百分位数浓度分布示意

2.1.1.4 首要污染物

2017 年，338 个地级及以上城市达标天数比例在 19.8%～100%之间，平均为 78.0%，平均超标天数比例为 22.0%。阿坝州、丽江市、阿勒泰地区等 5 个城市达标天数比例为 100%，塔城地区、迪庆州、林芝市等 170 个城市的达标天数比例大于等于 80%且小于 100%，松

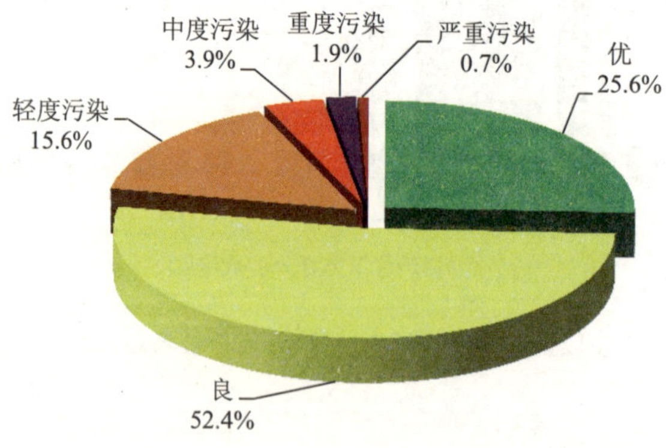

图 2.1-21 2017 年地级及以上城市空气质量状况

原市、海东市、承德市等 137 个城市的达标天数比例大于等于 50%且小于 80%，和田地区、喀什地区、临汾市等 26 个城市的城市达标天数比例小于 50%。

2017 年，地级及以上城市共出现空气污染 27 098 天次，其中轻度污染、中度污染、重度污染和严重污染分别占 71.0%、17.6%、8.5%和 3.0%。以 $PM_{2.5}$、O_3、PM_{10}、SO_2 和 NO_2 为首要污染物的超标天数分别占总超标天数的 53.9%、33.4%、11.9%、0.2%和 0.8%，以 CO 为首要污染物的不足 0.1%。

表 2.1-8 2017 年地级及以上城市超标情况（保留沙尘）

污染等级	首要污染物	累计污染天数/d	出现城市数/个
轻度污染	SO_2	49	9
	NO_2	214	45
	PM_{10}	2 119	230
	CO	7	5
	O_3	7 431	306
	$PM_{2.5}$	9 466	308
中度污染	SO_2	0	0
	NO_2	0	0
	PM_{10}	479	145
	CO	0	0
	O_3	1 439	160
	$PM_{2.5}$	2 841	253
重度污染	SO_2	0	0
	NO_2	0	0
	PM_{10}	161	90
	CO	0	0
	O_3	185	73
	$PM_{2.5}$	1 965	222
严重污染	SO_2	0	0
	NO_2	0	0
	PM_{10}	473	128
	CO	0	0
	O_3	0	0
	$PM_{2.5}$	345	97

2017 年，受局地排放和气候因素影响，地级及以上城市 1—2 月和 12 月超标天数较多，分别占全年污染总天数的 15.4%、10.5%和 13.1%；受沙尘天气影响，5 月超标天数较多，占 11.4%；8 月、9 月和 10 月超标天数较少，分别占 4.2%、4.7%和 4.8%。

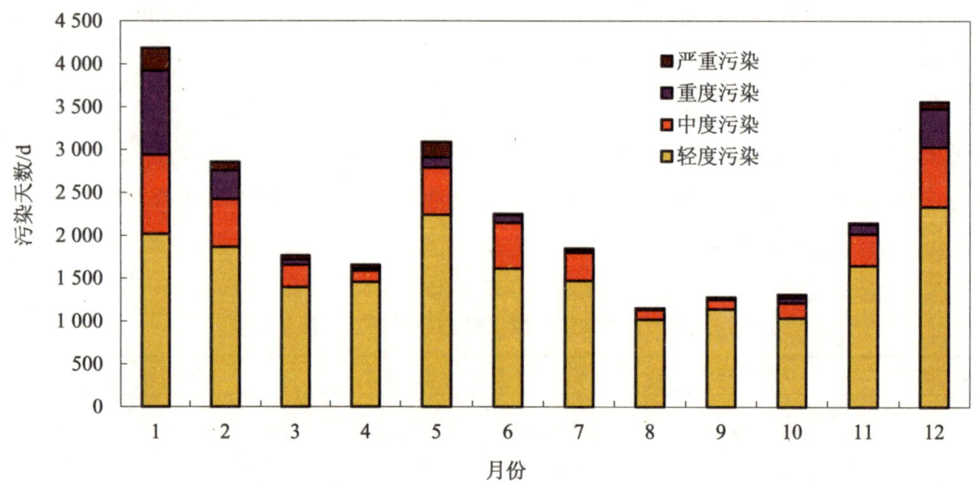

图 2.1-22 2017 年地级及以上城市污染天数月际分布

2.1.1.5 典型重污染过程分析

2017 年，全国共发生 3 113 天次重度及以上污染，比上年减少 135 天次，其中以 $PM_{2.5}$、PM_{10} 和 O_3 为首要污染物的占比分别为 74.2%、20.4%和 5.9%。1 月、2 月、5 月和 12 月重污染发生频次较多。其中，2017 年 1 月及 12 月重污染过程主要由不利气象条件下区域污染排放负荷较大导致，2017 年 5 月重污染过程主要由沙尘天气过程导致。

（1）2017 年 1 月重污染过程

2017 年 1 月，全国发生多次大范围区域性重污染过程，较为典型的污染过程为 2016 年 12 月 29 日—2017 年 1 月 5 日和 2017 年 1 月 23 日—28 日，两次重污染过程分别在 1 月 4 日和 1 月 25 日达到污染峰值，全国分别有 104 个和 70 个城市达到重度及以上污染级别。其中 2016 年 12 月 29 日—2017 年 1 月 5 日的跨年重污染过程影响范围较大，包括京津冀及周边、东北地区、长三角及安徽、长江中游城市群、成渝地区、西北地区、华南地区等 23 个省份，$PM_{2.5}$ 最大日均值为 596 μg/m^3，PM_{10} 最大日均值为 757 μg/m^3。2017 年 1 月 23 日—28 日的重污染过程影响范围主要集中在京津冀及周边、西北地区和四川盆地，$PM_{2.5}$ 最大日均值为 528 μg/m^3。另外，1 月 28 日（农历腊月三十）受烟花爆竹集中燃放的叠加影响，全国共有 100 个城市达到重度及以上污染。

（2）2017 年 12 月重污染过程

2017 年 12 月 27 日—31 日，全国发生了一次大范围区域性重污染过程，在 12 月 29 日达到污染峰值，全国有 93 个城市达到重度及以上污染级别，影响范围涵盖了京津冀及周边、东北地区、长三角、湖北湖南、成渝地区、西北地区等 23 个省份，$PM_{2.5}$ 最大日均值为 319 μg/m^3。

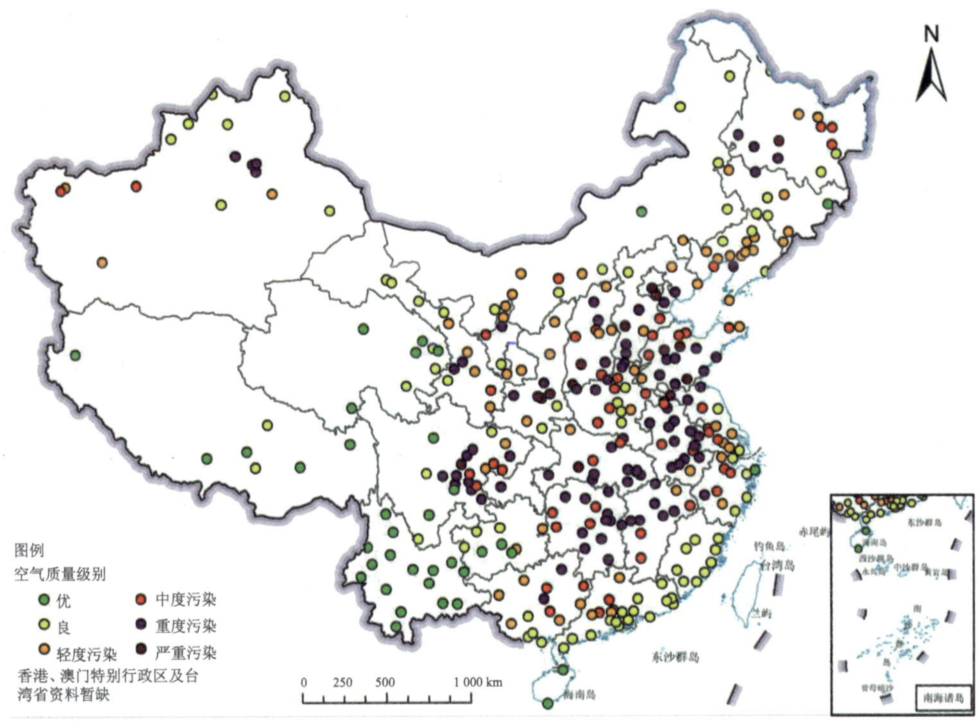

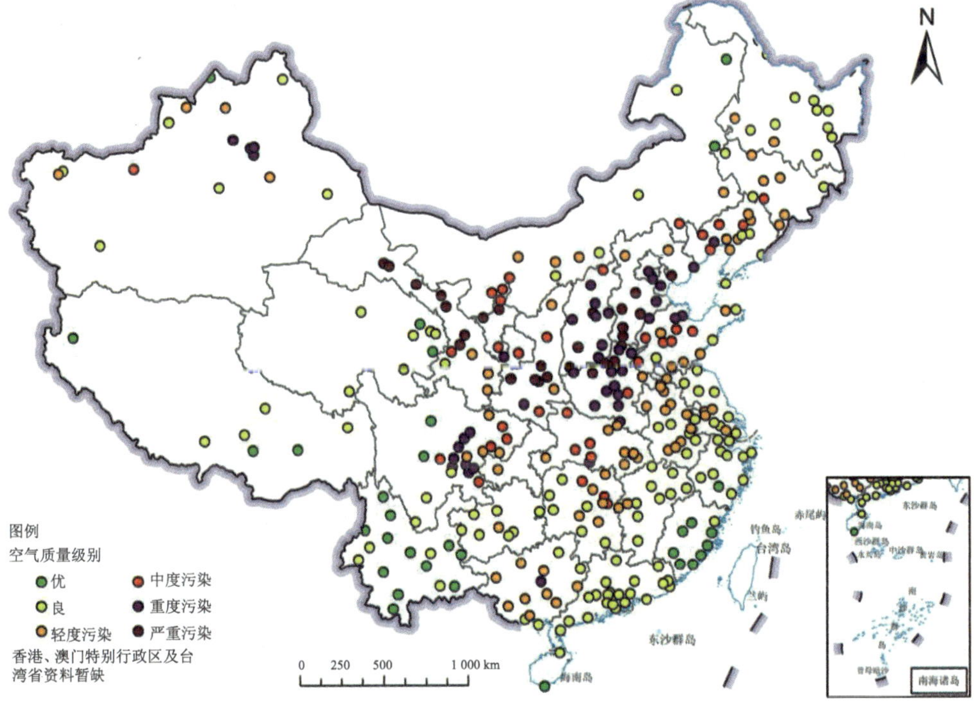

图 2.1-23 2017 年 1 月 4 日（上图）和 1 月 25 日（下图）全国空气质量状况分布

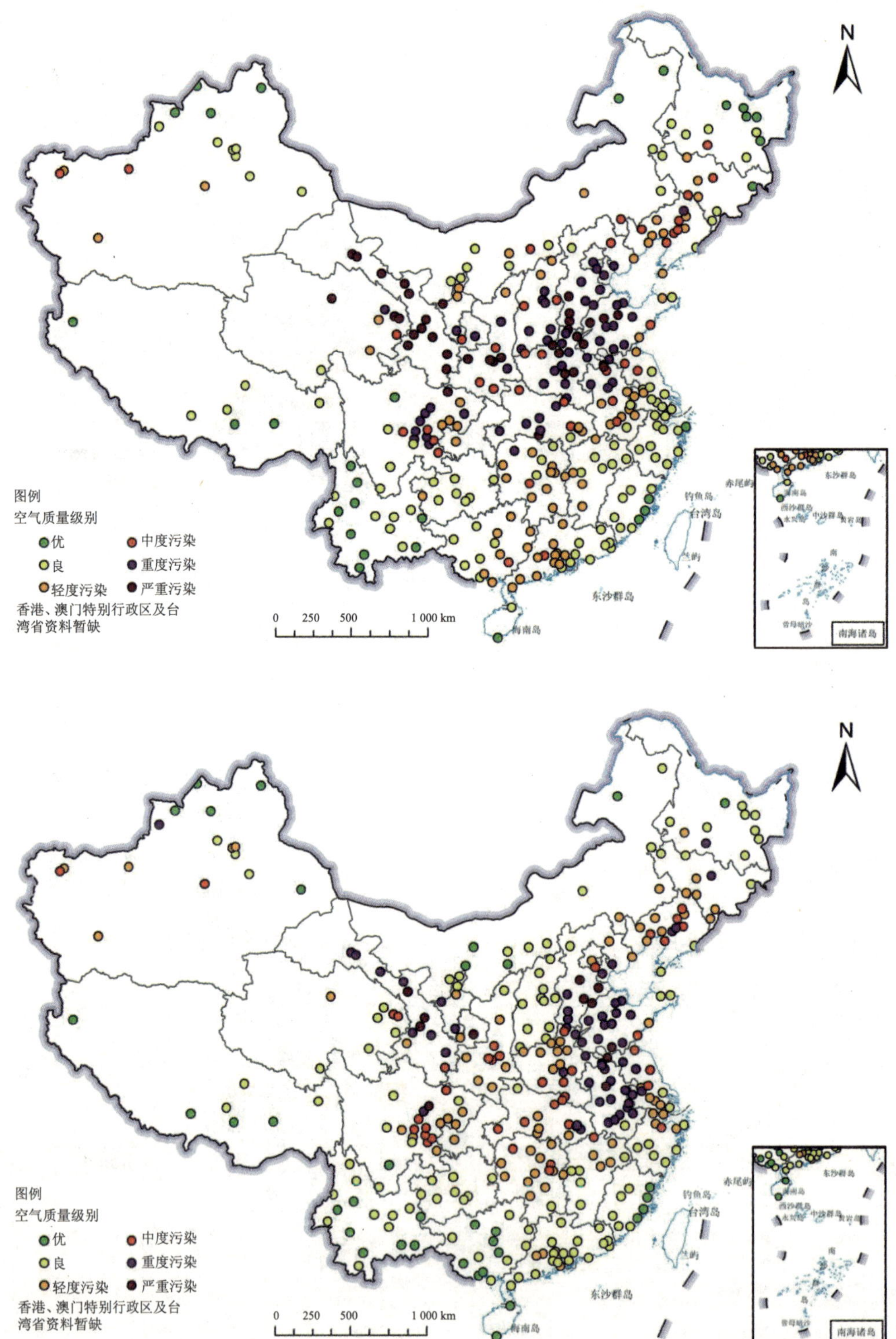

图 2.1-24 2017 年 12 月 29 日（上图）和 12 月 30 日（下图）全国空气质量状况分布

2.1.2 新标准第一阶段城市

2.1.2.1 总体情况

2017 年，74 个第一阶段实施新标准的城市（以下简称 74 个城市）中，舟山、台州、丽水、福州、厦门、深圳、珠海、惠州、南宁、海口、贵阳、拉萨和昆明共 13 个城市空气质量达标，占 17.6%；61 个城市超标，占 82.4%。其中，55 个城市 $PM_{2.5}$ 超标，占 74.3%；42 个城市 PM_{10} 超标，占 56.8%；35 个城市 NO_2 超标，占 47.3%；48 个城市 O_3 超标，占 64.9%；所有城市 CO 和 SO_2 均达标。从污染物超标项数来看，1 项污染物超标的城市有 8 个，2 项污染物超标的城市有 13 个，3 项污染物超标的城市有 14 个，4 项污染物超标的城市有 26 个。

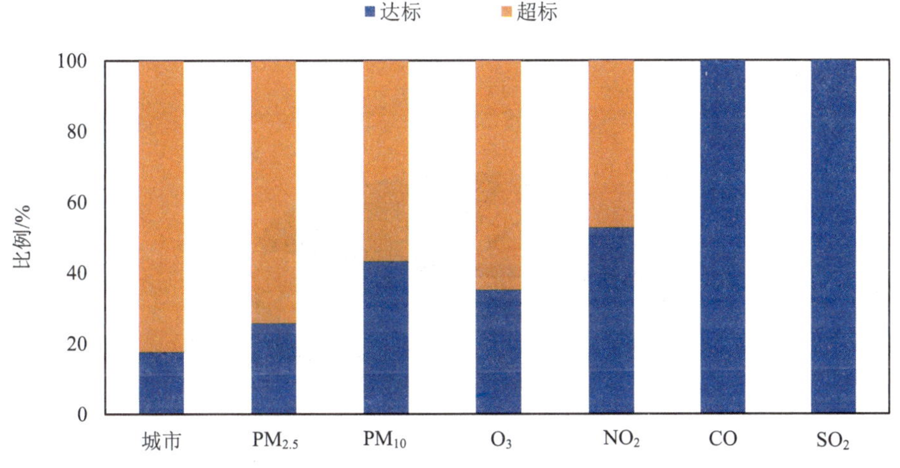

图 2.1-25 2017 年 74 个城市空气质量达标比例

表 2.1-9 2013—2017 年 74 个城市各项污染物达标情况

污染物	达标城市数/个				
	2013 年	2014 年	2015 年	2016 年	2017 年
SO_2	64	66	71	73	74
NO_2	29	36	38	40	39
PM_{10}	11	16	21	28	32
CO	63	71	70	71	74
O_3	57	50	46	46	26
$PM_{2.5}$	3	9	12	14	19

与上年相比，空气质量达标城市增加 3 个，$PM_{2.5}$ 达标城市增加 5 个，PM_{10} 达标城市增加 4 个，NO_2 达标城市减少 1 个，SO_2 达标城市增加 1 个，CO 达标城市增加 3 个，O_3 达标城市减少 20 个。

若不扣除沙尘天气影响，74 个城市中有 13 个城市环境空气质量达标，占 17.6%。61 个城市超标，占 82.4%，其中 56 个城市 $PM_{2.5}$ 超标，占 75.7%；43 个城市 PM_{10} 超标，占 58.1%。

2.1.2.2 空气质量指数

2017 年，74 个城市达标天数比例在 38.9%～99.2%之间，平均为 72.7%，同比下降 1.5 个百分点；平均超标天数比例为 27.3%。厦门、拉萨、昆明等 22 个城市的优良天数比例大于等于 80%，承德、佛山、连云港等 42 个城市的优良天数比例大于等于 50%且小于 80%，邯郸、邢台、石家庄等 10 个城市的优良天数比例小于 50%。

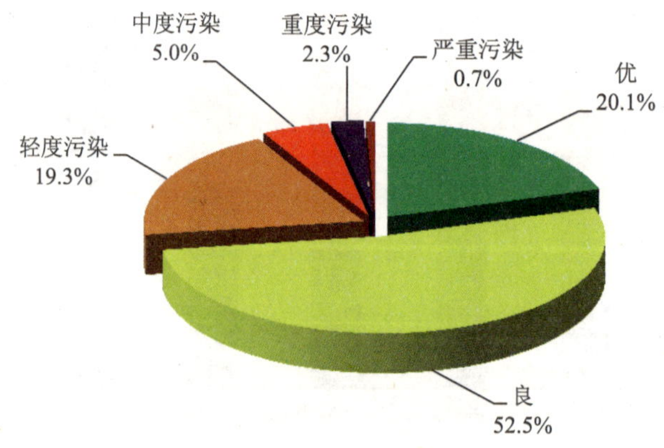

图 2.1-26 2017 年 74 个城市不同空气质量级别比例

表 2.1-10 2017 年 74 个城市超标情况

污染等级	首要污染物	累计污染天数/d	出现城市数/个
轻度污染	SO_2	1	1
	NO_2	179	33
	PM_{10}	425	51
	CO	0	0
	O_3	2 455	71
	$PM_{2.5}$	2 182	71

污染等级	首要污染物	累计污染天数/d	出现城市数/个
中度污染	SO_2	0	0
	NO_2	0	0
	PM_{10}	65	33
	CO	0	0
	O_3	633	59
	$PM_{2.5}$	656	61
重度污染	SO_2	0	0
	NO_2	0	0
	PM_{10}	20	16
	CO	0	0
	O_3	95	34
	$PM_{2.5}$	507	54
严重污染	SO_2	0	0
	NO_2	0	0
	PM_{10}	64	25
	CO	0	0
	O_3	0	0
	$PM_{2.5}$	120	24

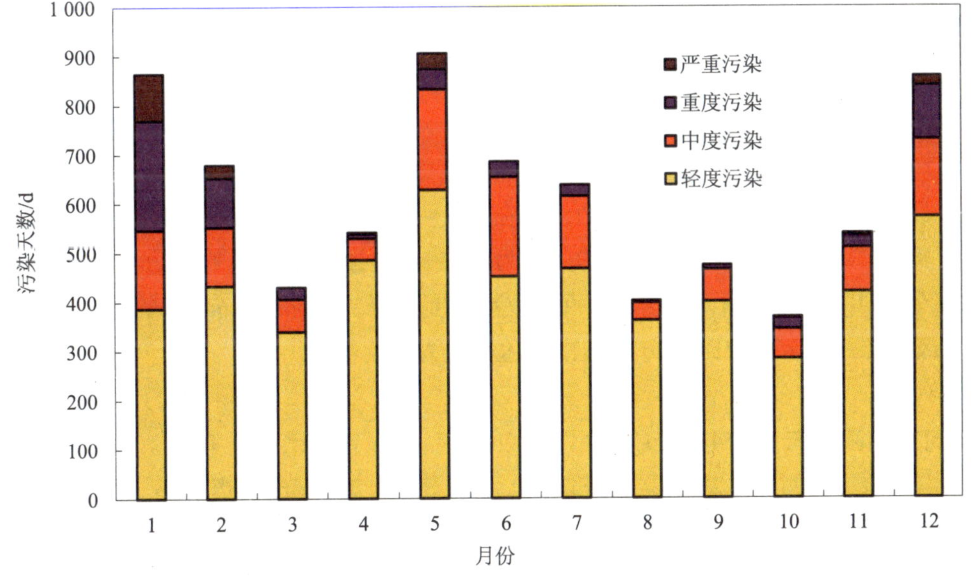

图 2.1-27　2017 年 74 个城市超标天数月际变化

2017 年，74 个城市共超标 7 380 天次。其中，以 $PM_{2.5}$、O_3、PM_{10} 和 NO_2 为首要污染物的超标天数分别占总天数的 47.0%、43.1%、7.8%和 2.4%，以 SO_2 为首要污染物的占比不足 0.1%，未发生以 CO 为首要污染物的超标天数。

1 月、5 月和 12 月超标天数较多，分别占 11.7%、12.3%和 11.6%；8 月和 10 月超标天数较少，分别占 5.4%和 5.0%。

2.1.2.3 各项污染物

（1）$PM_{2.5}$

$PM_{2.5}$ 年均浓度在 20～86 μg/m^3 之间，平均为 47 μg/m^3，同比下降 6.0%。日均值超标天数占监测天数的比例为 14.1%，同比下降 2.5 个百分点。25.7%的城市（19 个）$PM_{2.5}$ 年均浓度达到二级标准，74.3%的城市（55 个）超过二级标准。与上年相比，东莞和江门 $PM_{2.5}$ 浓度由达标变为不达标，7 个城市由不达标变为达标。

若不扣除沙尘影响，$PM_{2.5}$ 年均浓度在 20～86 μg/m^3 之间，平均为 47 μg/m^3，同比下降 6.0%。日均值超标天数占监测天数的比例为 14.5%，同比下降 2.2 个百分点。24.3%的城市（18 个）$PM_{2.5}$ 年均浓度达到二级标准，75.7%的城市（56 个）超过二级标准。

（2）PM_{10}

PM_{10} 年均浓度在 37～154 μg/m^3 之间，平均为 80 μg/m^3，同比下降 4.8%。日均值超标天数占监测天数的比例为 8.4%，同比下降 2.7 个百分点。1.4%的城市（海口）PM_{10} 年均浓度达到一级标准，41.9%的城市（31 个）PM_{10} 年均浓度达到二级标准，56.8%的城市（42 个）超过二级标准。与上年相比，拉萨、长沙、苏州和张家口由不达标变为达标。

若不扣除沙尘影响，PM_{10} 年均浓度在 37～158 μg/m^3 之间，平均为 83 μg/m^3，同比下降 2.4%。日均值超标天数占监测天数的比例为 9.3%，同比下降 2.2 个百分点。1.4%的城市 PM_{10} 年均浓度达到一级标准，40.5%的城市（30 个）PM_{10} 年均浓度达到二级标准，58.1%的城市（43 个）超过二级标准。

（3）O_3

O_3 日最大 8 h 平均第 90 百分位数浓度在 117～218 μg/m^3 之间，平均为 167 μg/m^3，同比上升 8.4%。超标天数占监测天数的比例为 12.2%，同比上升 3.6 个百分点。35.1%的城市（26 个）O_3 日最大 8 h 平均第 90 百分位数浓度达到二级标准，64.9%的城市（48 个）超过二级标准。与上年相比，20 个城市由达标变为不达标。

（4）SO_2

SO_2 年均浓度在 6～54 μg/m^3 之间，平均为 17 μg/m^3，同比下降 19.0%。日均值超标天数占监测天数的比例为 0.2%，同比下降 0.1 个百分点。75.7%的城市（56 个）SO_2 年均浓度达到一级标准，24.3%的城市（18 个）达到二级标准，无城市超过二级标准。与上年相比，太原 SO_2 年均浓度由不达标变为达标。

（5）NO_2

NO_2年均浓度在12～59 μg/m³之间，平均为40 μg/m³，同比上升2.6%。日均值超标天数占监测天数的比例为4.0%，同比下降0.2个百分点。52.7%的城市（39个）NO_2年均浓度达到一级标准/二级标准，47.3%的城市（35个）超过二级标准。与上年相比，东莞、镇江和银川由达标变为不达标，衡水和西宁由不达标变为达标。

（6）CO

CO日均值第95百分位数浓度在0.8～3.8 mg/m³之间，平均为1.7 mg/m³，同比下降10.5%。日均值超标天数占监测天数的比例为0.4%，同比下降0.2个百分点。所有城市（74个）CO日均值第95百分位数浓度达到一级标准/二级标准。与上年相比，衡水、唐山和保定由不达标变为达标。

2.1.3　重点区域

2.1.3.1　总体状况

2017年，京津冀区域所有城市均未达标，长三角区域舟山、台州和丽水六项污染物全部达标，珠三角区域深圳、珠海和惠州六项污染物全部达标。

表2.1-11　2017年重点区域各项污染物达标城市数量　　单位：个

区域	城市总数	$PM_{2.5}$	PM_{10}	O_3	SO_2	NO_2	CO	全部达标
京津冀	13	2	1	0	13	3	13	0
长三角	25	3	13	8	25	16	25	3
珠三角	9	5	9	4	9	6	9	3

京津冀、长三角和珠三角区域达标天数比例分别为56.0%、74.8%和84.5%，重度及以上污染天数比例分别为8.1%、0.9%和0.6%。与上年相比，京津冀、长三角和珠三角达标天数比例分别下降0.8个、1.3个和5.0个百分点。

表2.1-12　2017年重点区域各级别天数比例

区域	优	良	轻度污染	中度污染	重度污染	严重污染
京津冀	8.2%	47.8%	25.9%	10.0%	6.1%	2.0%
长三角	18.8%	56.0%	19.9%	4.4%	0.9%	0.1%
珠三角	36.6%	47.9%	12.5%	2.4%	0.6%	0.0%

京津冀区域以 $PM_{2.5}$、O_3 和 PM_{10} 为首要污染物的超标天数分别占总超标天数的 50.3%、41.0%和 8.9%，长三角区域以 O_3、$PM_{2.5}$ 和 NO_2 为首要污染物的超标天数分别占总超标天数的 50.4%、44.5%和 3.0%，珠三角区域以 O_3、$PM_{2.5}$ 和 NO_2 为首要污染物的超标天数分别占总超标天数的 70.6%、20.4%和 9.2%。

表 2.1-13　2017 年重点区域超标天数中首要污染物比例

区域	$PM_{2.5}$	PM_{10}	O_3	SO_2	NO_2	CO
京津冀	50.3%	8.9%	41.0%	0.0%	0.3%	0.0%
长三角	44.5%	2.3%	50.4%	0.0%	3.0%	0.0%
珠三角	20.4%	0.0%	70.6%	0.0%	9.2%	0.0%

京津冀区域 1 月、5 月和 6 月达标天数比例较低，分别为 36.2%、34.1%和 39.0%；4 月达标天数比例最高，为 70.5%。长三角区域 5 月和 12 月达标天数比例较低，分别为 55.2%和 58.0%；9 月和 10 月达标天数比例较高，为 86.0%和 93.8%。珠三角区域 9 月和 10 月达标天数比例较低，为 70.7%和 73.1%；2 月、3 月和 6 月达标天数比例较高，均超过 90%。

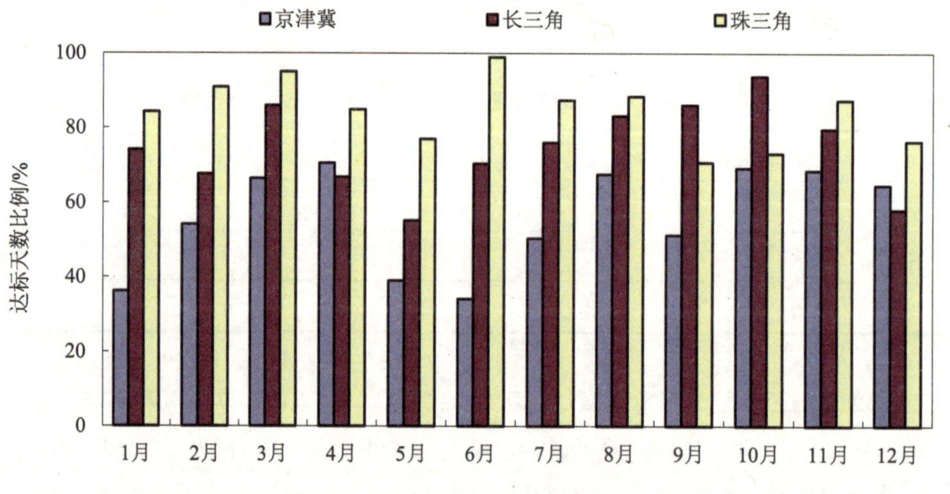

图 2.1-28　2017 年三大重点区域达标天数比例月际分布

2.1.3.2　京津冀区域

2017 年，京津冀区域 13 个城市空气质量达标天数比例在 38.9%～79.7%之间，平均为 56.0%，同比下降 0.8 个百分点。承德、张家口、秦皇岛等 8 个城市的优良天数比例大于等于 50%且小于 80%，邯郸、邢台、石家庄等 5 个城市的优良天数比例小于 50%。

京津冀区域 13 个城市 $PM_{2.5}$ 平均浓度为 64 μg/m^3，同比下降 9.9%；PM_{10} 平均浓度为

113 μg/m^3，同比下降 4.2%；SO_2 平均浓度为 25 μg/m^3，同比下降 19.4%；NO_2 平均浓度为 47 μg/m^3，同比下降 4.1%；CO 日均值第 95 百分位数浓度平均为 2.8 mg/m^3，同比下降 12.5%；O_3 日最大 8 h 平均第 90 百分位数浓度平均为 193 μg/m^3，同比上升 12.2%。

若不扣除沙尘影响，京津冀区域 13 个城市 $PM_{2.5}$ 平均浓度为 64 μg/m^3，同比下降 9.9%；PM_{10} 平均浓度为 116 μg/m^3，同比下降 2.5%。

2.1.3.3 长三角区域

2017 年，长三角区域 25 个城市空气质量达标天数比例在 48.2%～94.2%之间，平均为 74.8%，同比下降 1.3 个百分点。台州、丽水、舟山等 6 个城市的优良天数比例大于等于 80%，连云港、盐城、金华等 18 个城市的优良天数比例大于等于 50%且小于 80%，徐州市的优良天数比例小于 50%。

长三角区域 25 个城市 $PM_{2.5}$ 平均浓度为 44 μg/m^3，同比下降 4.3%；PM_{10} 平均浓度为 71 μg/m^3，同比下降 5.3%；SO_2 平均浓度为 14 μg/m^3，同比下降 17.6%；NO_2 平均浓度为 37 μg/m^3，同比上升 2.8%；CO 日均值第 95 百分位数浓度平均为 1.3 mg/m^3，同比下降 13.3%；O_3 日最大 8 h 平均第 90 百分位数浓度平均为 170 μg/m^3，同比上升 6.9%。

若不扣除沙尘影响，长三角区域 25 个城市 $PM_{2.5}$ 平均浓度为 44 μg/m^3，同比下降 4.3%；PM_{10} 平均浓度为 73 μg/m^3，同比下降 2.7%。

2.1.3.4 珠三角区域

2017 年，珠三角区域 9 个城市空气质量达标天数比例在 77.3%～94.8%之间，平均为 84.5%，同比下降 5.0 个百分点。惠州、深圳、珠海等 6 个城市的优良天数比例大于等于 80%，佛山、中山和江门优良天数比例大于等于 50%且小于 80%。

珠三角区域 9 个城市 $PM_{2.5}$ 平均浓度为 34 μg/m^3，同比上升 6.2%；PM_{10} 平均浓度为 53 μg/m^3，同比上升 8.2%；SO_2 平均浓度为 11 μg/m^3，同比持平；NO_2 平均浓度为 37 μg/m^3，同比上升 5.7%；CO 日均值第 95 百分位数浓度平均为 1.2 mg/m^3，同比下降 7.7%；O_3 日最大 8 h 平均第 90 百分位数浓度平均为 165 μg/m^3，同比上升 9.3%。

若不扣除沙尘影响，珠三角区域 9 个城市 $PM_{2.5}$ 平均浓度为 34 μg/m^3，同比上升 6.2%；PM_{10} 平均浓度为 53 μg/m^3，同比上升 8.2%。

2.1.4 温室气体

2017 年，开展温室气体监测的背景站中，有 9 个参与 CO_2 监测结果评价，9 个参与 CH_4 监测结果评价，8 个参与 N_2O 监测结果评价。

2017 年，9 个背景站中大部分背景站 CO_2、CH_4 和 N_2O 年均浓度高于 2016 年全球背景值，南岭和神农架 2 个背景站的 CO_2 年均浓度低于 2016 年全球大气年平均浓度，门源和海螺沟 2 个背景站的 N_2O 年均浓度低于 2016 年全球大气年平均浓度。

表 2.1-14　2017 年背景站 CO_2、CH_4 和 N_2O 监测结果

点位名称	经纬度	海拔高度/m	CO_2 浓度/ppm	CH_4 浓度/ppb	N_2O 浓度/ppb
山东长岛	38.2°N，120.7°E	163	418.8	2 033.6	330.5
福建武夷山	27.6°N，117.7°E	1 139	405.9	1 963.6	339.5
山西庞泉沟	37.9°N，111.5°E	1 807	423.6	1 987.2	329.9
内蒙古呼伦贝尔	49.9°N，119.3°E	615	408	1 973.9	329.1
湖北神农架	31.5°N，110.3°E	2 930	401.3	1 951.8	332.8
云南丽江	27.2°N，100.3°E	3 410	403.3	1 888.3	—
广东南岭	24.7°N，112.9°E	1 689	397	1 908.9	329.6
四川海螺沟	29.6°N，102°E	3 571	406	1 940.3	324.8
青海门源	37.6°N，101.3°E	3 295	405.3	2 008.7	317.3
2016 年全球平均值*			403.3±0.1	1 853±2	328.0±0.1

注：* 数据来源于 2016 年《温室气体公报》，WMO。
ppm 为 10^{-6}（体积分数），ppb 为 10^{-9}（体积分数）。

2.1.5　背景站和区域站

2.1.5.1　背景站

2017 年，以 15 个背景站的平均值代表背景地区污染物浓度水平，92 个区域站平均值代表区域地区的污染物浓度水平，338 个地级及以上城市的平均值代表全国城市污染浓度水平，同时关注经济较发达的 74 个城市。依据《环境空气质量标准》（GB 3095—2012）进行评价。

2017 年，背景地区 SO_2、NO_2 和 PM_{10} 浓度均最低，区域次之、全国城市最高。背景、区域和城市之间污染物浓度水平存在明显差异，背景地区各项污染浓度均明显低于区域和城市，O_3 浓度与区域和城市水平持平。

背景地区 SO_2 年均浓度为 2.8 μg/m³，区域、74 个城市和 338 个城市的 SO_2 年均浓度分别是背景地区年均浓度的 3.9 倍、6.1 倍和 6.4 倍。背景地区 NO_2 年均浓度为 3.9 μg/m³，区域、74 个城市和 338 个城市的 NO_2 年均浓度分别是背景地区年均浓度的 4.6 倍、10.3 倍和 7.9 倍。背景地区 PM_{10} 年均浓度为 22.8 μg/m³，区域、74 个城市和 338 个地级城市的 PM_{10} 年均浓度分别是背景地区浓度的 2.6 倍、3.6 倍和 3.5 倍。背景地区 $PM_{2.5}$ 年均浓度为 13.3 μg/m³，区域、74 个城市和 338 城市的 $PM_{2.5}$ 年均浓度分别是背景地区浓度的 2.6 倍、

3.5 倍、3.3 倍。背景地区 CO 浓度为 0.564 mg/m^3，区域站 CO 浓度是背景地区浓度的 2.3 倍；74 个城市和 338 个城市的 CO 浓度均是背景地区浓度的 3 倍。背景地区 O_3 浓度为 131.9 μg/m^3，区域、74 个城市和 338 个城市的 O_3 浓度分别是背景地区浓度的 1.2 倍、1.3 倍、1.1 倍。

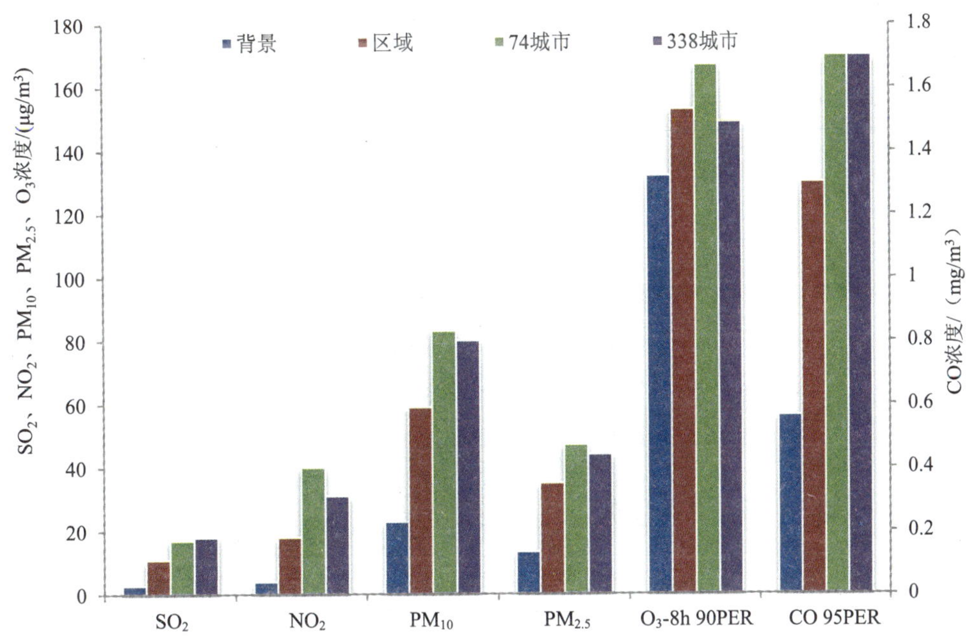

图 2.1-29 全国背景地区、区域和城市地区六项污染物浓度

2.1.5.2 区域站

2017 年，全国区域站 $PM_{2.5}$ 平均浓度范围为 10～76 μg/m^3，平均浓度为 35 μg/m^3；PM_{10} 平均浓度范围为 21～136 μg/m^3，平均浓度为 59 μg/m^3；SO_2 平均浓度范围为 2～45 μg/m^3，平均浓度为 11 μg/m^3；NO_2 平均浓度范围为 2～56 μg/m^3，平均浓度为 18 μg/m^3；CO 日均值第 95 百分位数浓度范围为 0.4～5.6 mg/m^3，平均浓度为 1.3 mg/m^3；O_3 日最大 8 h 平均第 90 百分位数浓度范围为 79～228 μg/m^3，平均浓度为 153 μg/m^3。其中，31 个区域站 SO_2 平均浓度为 11 μg/m^3，同比下降 15.4%；NO_2 平均浓度为 19 μg/m^3，同比持平；PM_{10} 平均浓度为 58 μg/m^3，同比持平。

区域站 $PM_{2.5}$、PM_{10}、SO_2、NO_2、CO 日均值第 95 百分位数浓度较城市站分别低 9 μg/m^3、21 μg/m^3、7 μg/m^3、13 μg/m^3、0.4 mg/m^3；区域站 O_3 日最大 8 h 平均第 90 百分位数浓度则比城市高 4 μg/m^3。

2.2 降水

2.2.1 降水酸度

2017 年，全国 463 个市（县）降水 pH 年均值为 5.51，南方地区[282 个市（县）]降水 pH 年均值为 5.43，北方地区[181 个市（县）]降水 pH 年均值为 6.54。

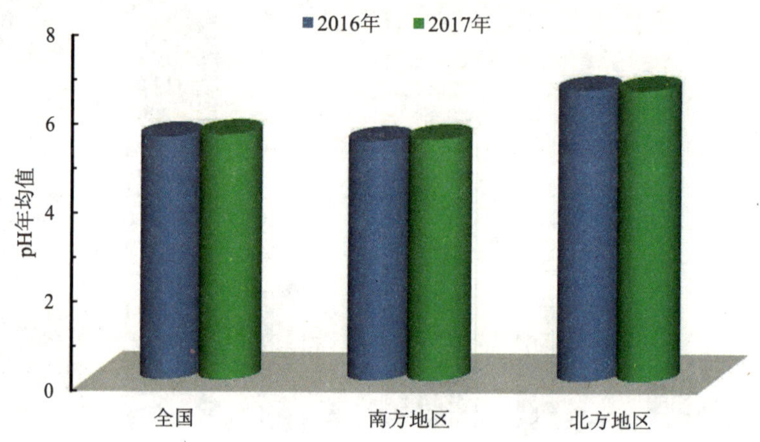

图 2.2-1 全国降水 pH 年均值年际比较

与上年相比，全国降水酸度总体呈下降趋势，北方地区降水酸度总体持平，南方地区降水酸度总体呈下降趋势。

2.2.2 降水化学组成

2017 年，全国 384 个监测全部离子组分市（县）的降水化学监测结果表明，我国降水中的主要阳离子为钙和铵，分别占离子总当量的 25.9%和 15.2%；降水中的主要阴离子为硫酸根，占离子总当量的 21.1%；硝酸根占离子总当量的 9.0%。降水中硫酸根与硝酸根当量浓度比为 2.3，硫酸盐为我国降水中的主要致酸物质。

与上年相比，硫酸根、氟离子和钠离子当量浓度比例有所下降，铵离子、钙离子和镁离子当量浓度比例有所上升，其他离子当量浓度比例基本持平。

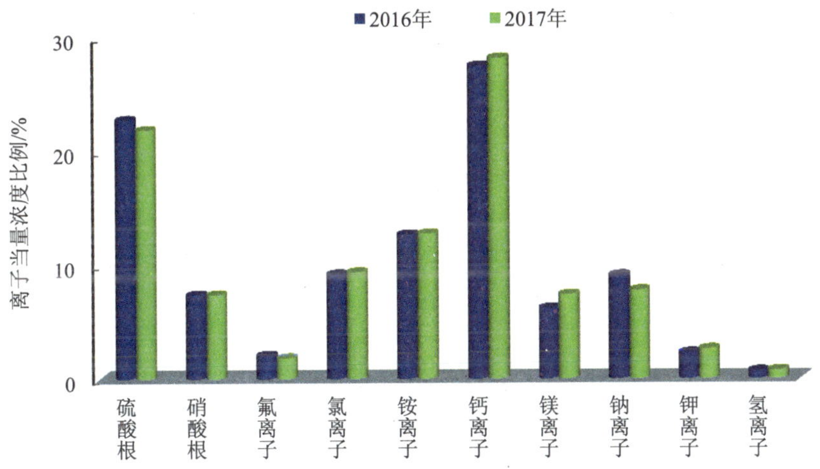

图 2.2-2 降水中主要离子当量浓度百分比年际比较

2.2.3 酸雨城市比例

463 个市（县）降水监测结果统计表明，降水 pH 年均值在 4.42（重庆大足县）～8.18（内蒙古巴彦淖尔市）之间。酸雨城市 87 个，占 18.8%；较重酸雨城市 31 个，占 6.7%；重酸雨城市 2 个，占 0.4%。

与上年相比，全国酸雨城市比例下降 1.0 个百分点，较重酸雨城市和重酸雨城市比例总体持平。

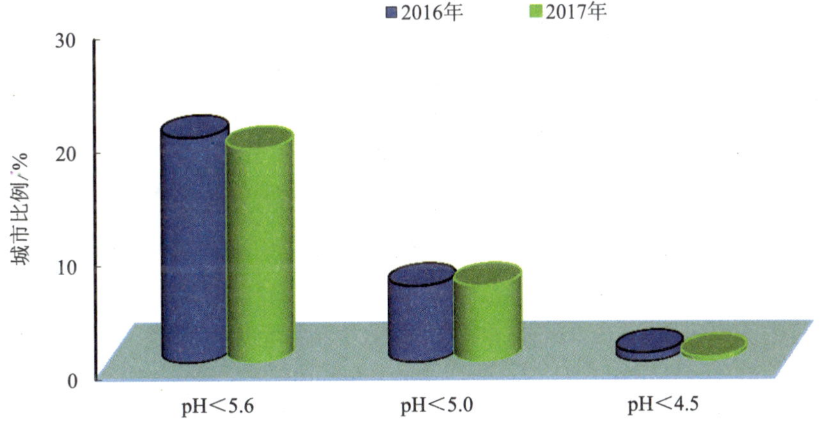

图 2.2-3 不同降水 pH 年均值的城市比例年际比较

表 2.2-1 2017 年全国降水 pH 年均值统计

年均 pH 范围	<4.5	4.5～5.0	5.0～5.6	5.6～7.0	≥7.0
市（县）数/个	2	29	56	271	105
所占比例/%	0.4	6.3	12.1	58.5	22.7

2.2.4 酸雨发生频率

2017 年，全国 463 个参加统计的市（县）中，167 个市（县）出现酸雨，占总数的 36.1%；酸雨发生频率在 25%及以上的市（县）78 个，占 16.8%；酸雨发生频率在 50%及以上的市（县）37 个，占 8.0%；酸雨发生频率在 75%及以上的市（县）13 个，占 2.8%。

表 2.2-2 2017 年全国酸雨发生频率分段统计表

酸雨发生频率	0	0～25%	25%～50%	50%～75%	≥75%
市（县）数/个	296	89	41	24	13
所占比例/%	63.9	19.2	8.9	5.2	2.8

与上年相比，全国酸雨发生频率在 25%以上、50%以上和 75%以上的城市比例分别下降 3.5 个百分点、2.1 个百分点和 1.0 个百分点。

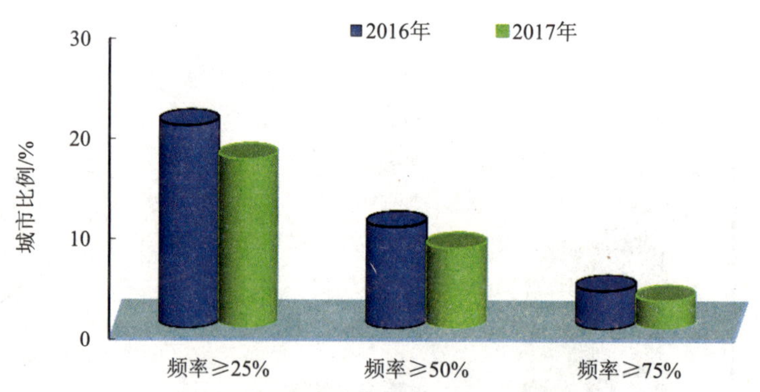

图 2.2-4 不同酸雨发生频率的城市比例年际比较

2.2.5 酸雨区域分布

2017 年，全国酸雨分布区域集中在长江以南—云贵高原以东地区，主要包括浙江、上海的大部分地区，江西中北部、福建中北部、湖南中东部、广东中部、重庆南部、江苏南部和安徽南部的少部分地区。酸雨发生面积约 62 万 km^2，占国土面积的 6.4%，比上年下降 0.8 个百分点。

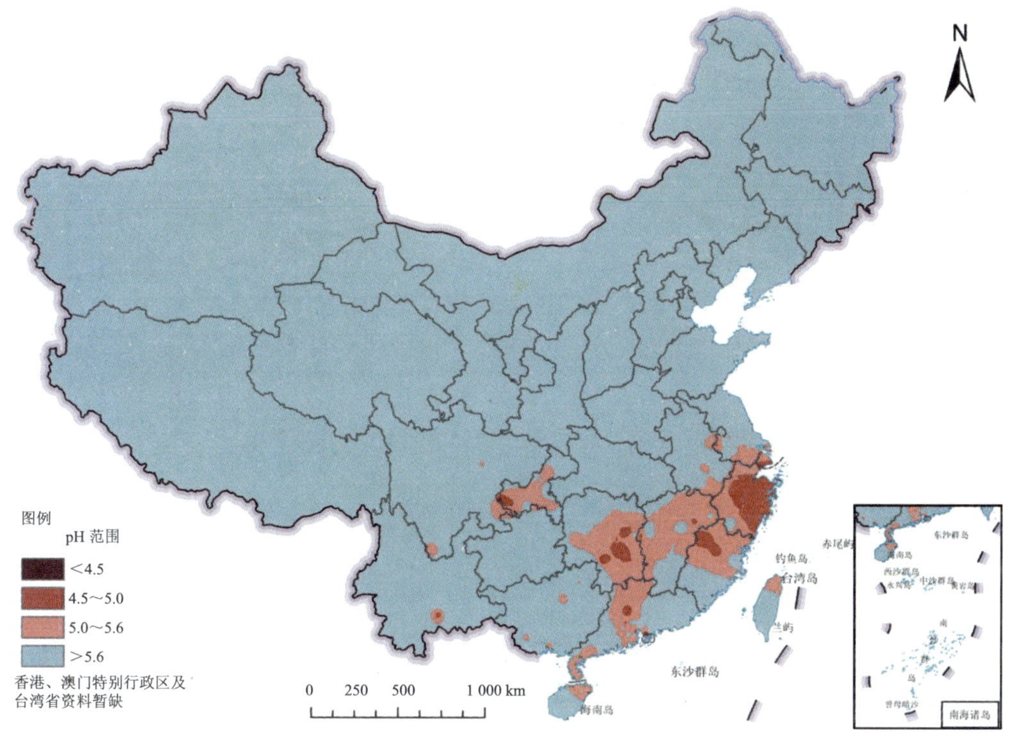

图 2.2-5　2017 年全国酸雨分布示意

2.2.6　酸雨变化趋势

2.2.6.1　酸雨城市比例和酸雨频率

全国 252 个可比市（县）数据分析结果表明，2002—2008 年，酸雨城市比例基本保持稳定，2008 年以来呈降低趋势。2001—2006 年较重酸雨城市比例呈明显升高趋势，2006 年以来总体呈降低趋势。2001—2005 年重酸雨城市比例呈逐年升高趋势，2005 年以来呈降低趋势。

2001—2006 年，全国酸雨发生频率呈现逐年升高趋势，2006 年以来呈下降趋势，2017 年酸雨频率均值 13.0%，较上年下降 2.4 个百分点，为 17 年来最低。

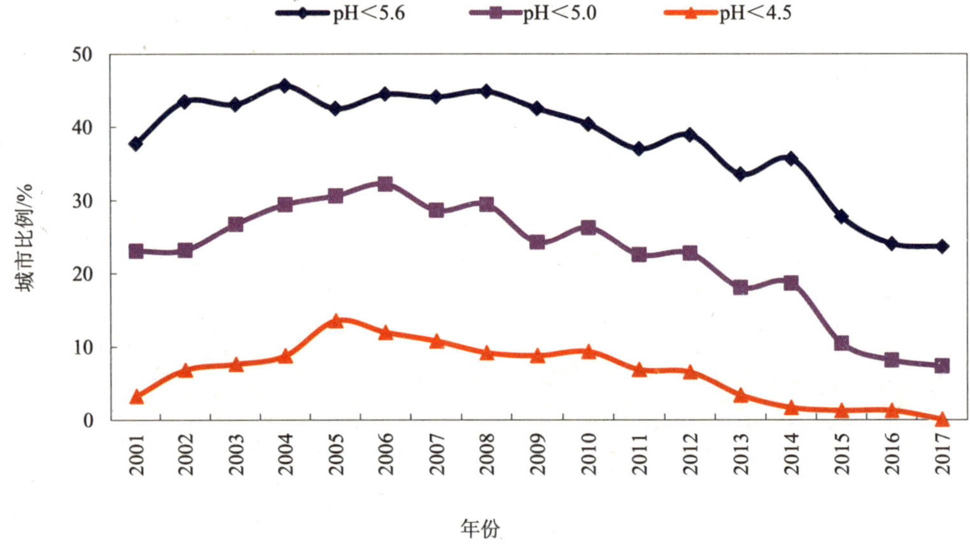

图 2.2-6　2001—2017 年全国酸雨城市比例变化趋势

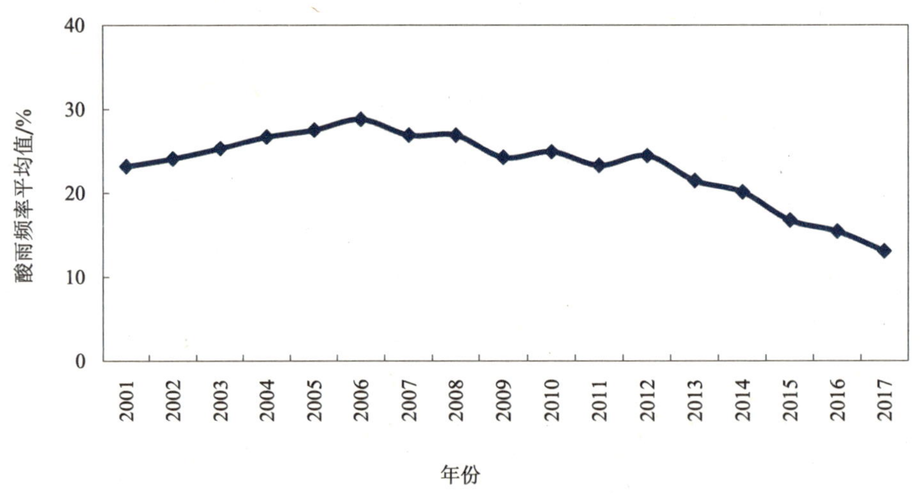

图 2.2-7　2001—2017 年全国酸雨发生频率变化趋势

2.2.6.2　降水化学组成

252 个可比市（县）统计结果表明，2003 年至今，全国降水中硫酸根离子比例总体呈下降趋势；2001 年至今，硝酸根、氯离子比例总体呈上升趋势，氟离子比例保持稳定。主要阳离子中，钙离子的比例在 2001—2004 年有所下降，2004—2007 年持平，2008 年有所升高，之后总体保持稳定；钠离子的比例在 2001—2008 年保持稳定，2009 年至今总体呈升高趋势；其他阳离子的比例总体保持稳定。

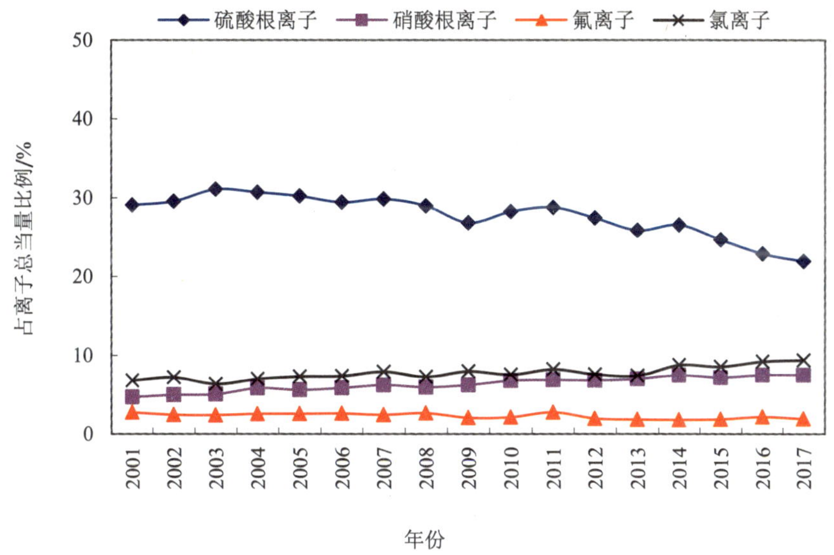

图 2.2-8　2001—2017 年阴离子当量浓度占总离子当量比变化趋势

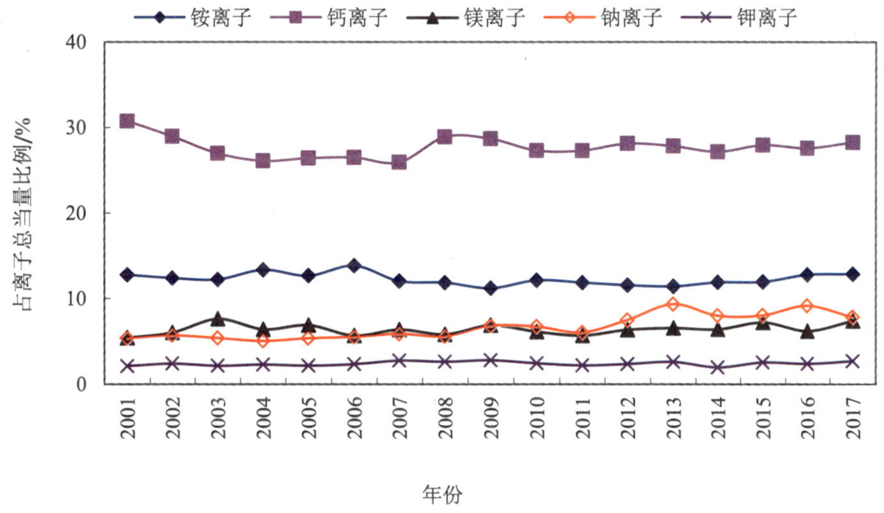

图 2.2-9　2001—2017 年阳离子当量浓度占总离子当量比变化趋势

2.2.6.3　酸雨面积及区域分布

2001—2017 年，全国酸雨区面积占国土面积的比例在 6.4%～15.6%之间，总体呈减小趋势，2017 年为 17 年来最低。2001—2006 年，较重酸雨区（pH 均值低于 5.0 区域）面积呈上升趋势，2006 年以来呈下降趋势。2001—2017 年，重酸雨区（pH 均值低于 4.5 区域）的面积基本保持稳定。

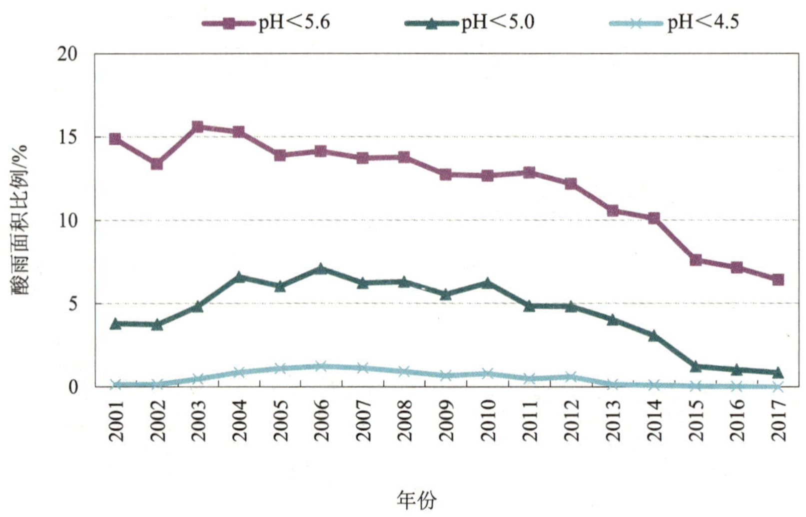

图 2.2-10　2001—2017 年全国酸雨面积占国土面积比例变化趋势

2.2.6.4　酸雨类型

202 个可比市（县）的统计结果表明，2005—2017 年，NO_3^-与 SO_4^{2-}当量浓度比例总体呈升高趋势，两者当量浓度比由 2005 年的 0.21 上升到 2017 年的 0.49。硝酸根当量浓度低于硫酸根当量浓度，表明酸雨类型以硫酸型为主；硝酸根与硫酸根当量浓度比例比呈升高趋势也表明酸雨类型逐渐向硫酸—硝酸复合型转变。

图 2.2-11　2005—2017 年全国 NO_3^-和 SO_4^{2-}当量比变化趋势

2.3 淡水水质

2.3.1 全国

2017 年，全国地表水总体为轻度污染，主要超标指标为总磷、化学需氧量和氨氮。1 940 个国考断面中，Ⅰ类水质断面 44 个，占 2.3%；Ⅱ类 642 个，占 33.1%；Ⅲ类 631 个，占 32.5%；Ⅳ类 328 个，占 16.9%；Ⅴ类 134 个，占 6.9%；劣Ⅴ类 161 个，占 8.3%。与上年相比，Ⅰ类水质断面比例下降 0.1 个百分点，Ⅱ类下降 4.4 个百分点，Ⅲ类上升 4.6 个百分点，Ⅳ类上升 0.1 个百分点，Ⅴ类持平，劣Ⅴ类下降 0.3 个百分点。

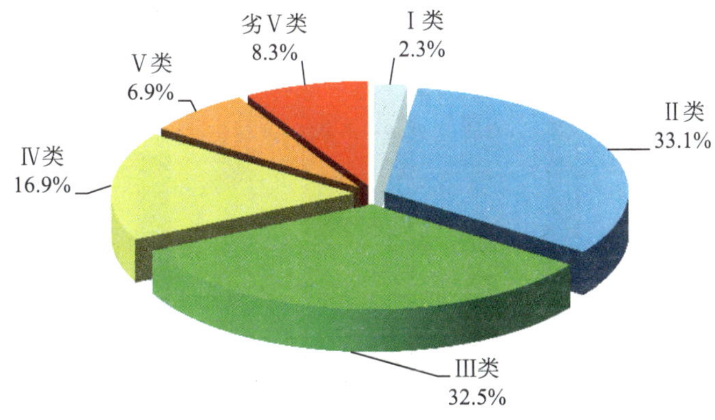

图 2.3-1 2017 年全国地表水水质类别比例

全国地表水高锰酸盐指数年均质量浓度为 3.5 mg/L，氨氮年均质量浓度为 0.59 mg/L。

1 940 个国考断面中，有 39 个断面（点位）出现 56 次重金属超标现象。超标断面（点位）分布在长江流域、珠江流域、海河流域、辽河流域、黄河流域、淮河流域和西南诸河。分省份来看，超标断面（点位）主要分布在辽宁（7 个）、山西（7 个）、内蒙古（5 个）、山东（5 个）、陕西（4 个）、云南（3 个）、河北（2 个）、湖南（2 个）、广东（2 个）、宁夏（1 个）和河南（1 个）。

在重金属超标断面（点位）中，汞超标 23 个、砷超标 5 个、硒超标 6 个、六价铬超标 3 个、锌超标 2 个、镉超标 1 个和铅超标 1 个。各超标断面（点位）重金属污染程度不同：汞超标倍数范围为 0.2～4.2 倍，最大超标断面为黄河流域乌梁素海湖心点位；砷超标倍数范围为 0.02～6.8 倍，最大超标断面为长江流域小江四级站断面；硒超标倍数范围为 0.1～1.4 倍，最人超标断面为海河流域徒骇河前油坊断面和海河流域御河利仁皂断面；六价铬超标倍数范围为 0.1～1.4 倍，最大超标断面为黄河流域清涧河王家河断面；锌超标倍数范围为 0.04～2.0 倍，最大超标断面为西南诸河沘江交汇口断面；镉超标倍数范围为 0.2～2.4 倍，最大超标断面为西南诸河沘江交汇口断面；铅超标倍数为 0.2 倍，超标断面为辽河流域浑河于台断面。

2.3.2 主要江河

2017 年，主要江河总体为轻度污染，主要超标指标为化学需氧量、总磷和氨氮。长江、黄河、珠江、松花江、淮河、海河、辽河七大流域和浙闽片河流、西北诸河、西南诸河的 1 617 个水质断面中，I 类 35 个，占 2.2%；II 类 594 个，占 36.7%；III类 532 个，占 32.9%；IV类 236 个，占 14.6%；V类 84 个，占 5.2%；劣V类 136 个，占 8.4%。与上年相比，I 类水质断面比例上升 0.1 个百分点，II 类下降 5.1 个百分点，III类上升 5.6 个百分点，IV类上升 1.2 个百分点，V类下降 1.1 个百分点，劣V类下降 0.7 个百分点。

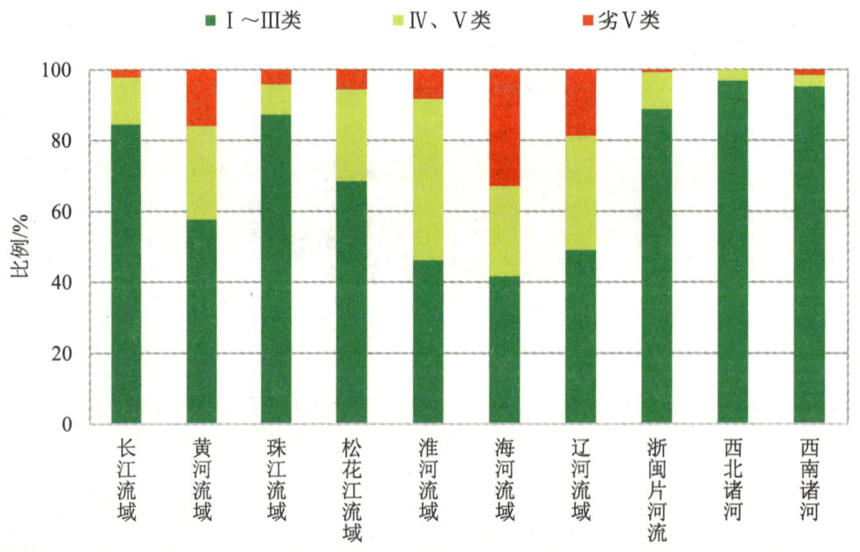

图 2.3-2 2017 年主要江河水质状况

2.3.2.1 长江流域

（1）水质状况

2017 年，长江流域总体水质良好。510 个水质断面中，I 类占 2.2%，II 类占 44.3%，III类占 38.0%，IV类占 10.2%，V类占 3.1%，劣V类占 2.2%。与上年相比，I 类水质断面比例下降 0.5 个百分点，II 类下降 9.2 个百分点，III类上升 11.9 个百分点，IV类上升 0.6 个百分点，V类下降 1.4 个百分点，劣V类下降 1.3 个百分点。

长江干流水质为优。59 个水质断面中，I 类占 6.8%，II 类占 40.7%，III类占 52.5%，无Ⅳ类、Ⅴ类和劣Ⅴ类断面。与上年相比，Ⅱ类水质断面比例下降 10.1 个百分点，Ⅲ类上升 15.2 个百分点，Ⅳ类下降 5.1 个百分点，其他类均持平。

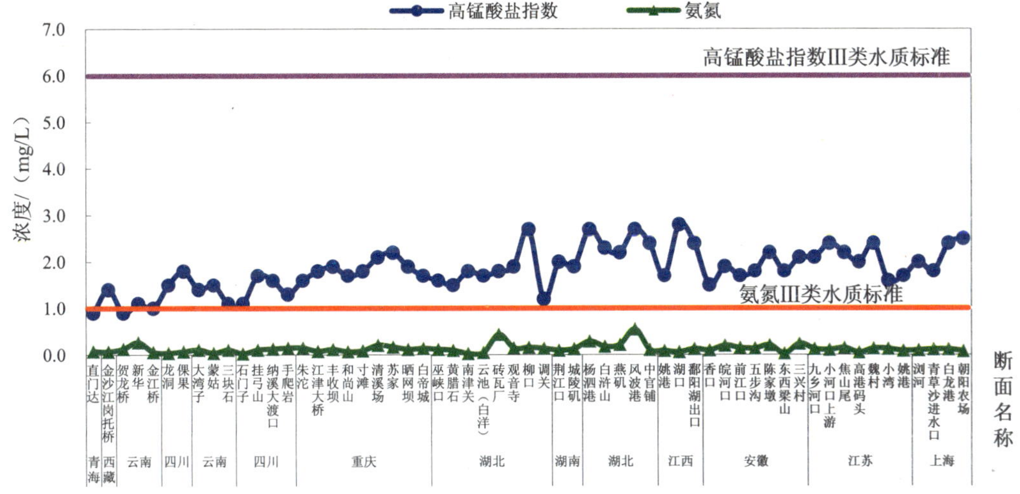

图 2.3-3 2017 年长江干流高锰酸盐指数和氨氮浓度沿程变化

长江主要支流水质良好。451 个水质断面中，Ⅰ类占 1.6%，Ⅱ类占 44.8%，Ⅲ类占 36.1%，Ⅳ类占 11.5%，Ⅴ类占 3.5%，劣Ⅴ类占 2.4%。与上年相比，Ⅰ类水质断面比例下降 0.6 个百分点，Ⅱ类下降 9.1 个百分点，Ⅲ类上升 11.5 个百分点，Ⅳ类上升 1.3 个百分点，Ⅴ类下降 1.6 个百分点，劣Ⅴ类下降 1.6 个百分点。

长江流域省界断面水质为优。60 个水质断面中，Ⅰ类占 6.7%，Ⅱ类占 58.3%，Ⅲ类占 28.3%，Ⅳ类占 6.7%，无Ⅴ类和劣Ⅴ类断面。与上年相比，Ⅱ类水质断面比例下降 6.7 个百分点，Ⅲ类上升 1.6 个百分点，Ⅳ类上升 5.0 个百分点，其他类均持平。

（2）主要超标指标

2017 年，长江流域主要超标指标为总磷、化学需氧量和氨氮，超标率分别为 11.4%、6.9%和 5.7%。

表 2.3-1 2017 年长江流域超标指标情况

指标	统计断面数/个	年均值断面超标率/%	年均值范围/（mg/L）	年均值超标最高断面及超标倍数	
				断面名称	超标倍数
总磷	510	11.4	未检出～1.526	螳螂川昆明市富民大桥	6.6
化学需氧量	510	6.9	未检出～33.2	来河滁州市水口	0.7
氨氮	510	5.7	0.03～3.85	龙川江楚雄彝族自治州西观桥	2.9
高锰酸盐指数	510	1.8	0.8～7.4	汉北河孝感市新沟闸	0.2
五日生化需氧量	509	1.6	未检出～8.5	螳螂川昆明市富民大桥	1.1

指标	统计断面数/个	年均值断面超标率/%	年均值范围/（mg/L）	年均值超标最高断面及超标倍数	
				断面名称	超标倍数
石油类	510	0.8	未检出～0.10	外秦淮河南京市七桥瓮	1.0
溶解氧	510	0.8	3.5～12.1	四湖总干渠荆州市新河村	—
砷	510	0.4	未检出～0.06	通顺河武汉市黄陵大桥	0.2
氟化物	510	0.2	0.03～1.03	螳螂川昆明市富民大桥	0.03
铅	510	0.2	未检出～0.052	竹皮河荆门市马良龚家湾	0.04

2.3.2.2 黄河流域

（1）水质状况

2017 年，黄河流域总体为轻度污染，主要超标指标为化学需氧量、氨氮和总磷。137 个水质断面中，Ⅰ类占 1.5%，Ⅱ类占 29.2%，Ⅲ类占 27.0%，Ⅳ类占 16.1%，Ⅴ类占 10.2%，劣Ⅴ类占 16.1%。与上年相比，Ⅰ类水质断面比例下降 0.7 个百分点，Ⅱ类下降 2.9 个百分点，Ⅲ类上升 2.2 个百分点，Ⅳ类下降 4.3 个百分点，Ⅴ类上升 3.6 个百分点，劣Ⅴ类上升 2.2 个百分点。

黄河干流水质为优。31 个水质断面中，Ⅰ类占 6.5%，Ⅱ类占 58.1%，Ⅲ类占 32.3%，Ⅳ类占 3.2%，无Ⅴ类和劣Ⅴ类。与上年相比，Ⅱ类水质断面比例下降 6.4 个百分点，Ⅲ类上升 9.7 个百分点，Ⅳ类下降 3.3 个百分点，其他类均持平。

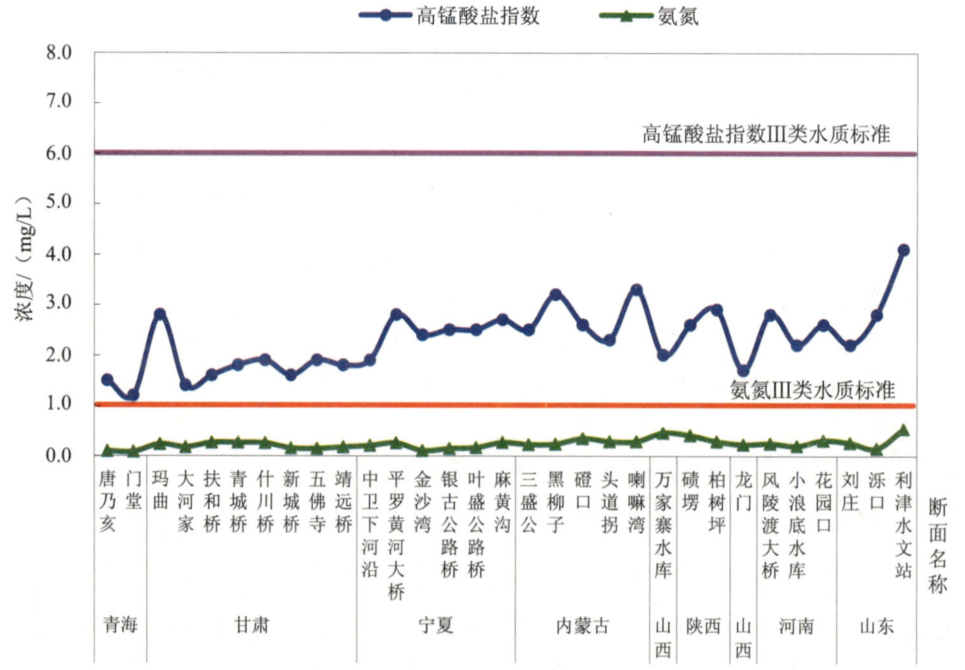

图 2.3-4 2017 年黄河流域干流高锰酸盐指数和氨氮浓度沿程变化

黄河主要支流为中度污染，主要超标指标为化学需氧量、氨氮和总磷。106 个水质断面中，无Ⅰ类，Ⅱ类占 20.8%，Ⅲ类占 25.5%，Ⅳ类占 19.8%，Ⅴ类占 13.2%，劣Ⅴ类占 20.8%。与上年相比，Ⅰ类水质断面比例下降 0.9 个百分点，Ⅱ类下降 1.8 个百分点，Ⅲ类持平，Ⅳ类下降 4.7 个百分点，Ⅴ类上升 4.7 个百分点，劣Ⅴ类上升 2.9 个百分点。

黄河流域省界断面为轻度污染，主要超标指标为化学需氧量、氨氮和总磷。39 个水质断面中，Ⅰ类占 2.6%，Ⅱ类占 23.1%，Ⅲ类占 33.3%，Ⅳ类占 17.9%，Ⅴ类占 7.7%，劣Ⅴ类占 15.4%。与上年相比，Ⅰ类水质断面比例持平，Ⅱ类下降 10.3 个百分点，Ⅲ类上升 12.8 个百分点，Ⅳ类下降 7.7 个百分点，Ⅴ类上升 5.1 个百分点，劣Ⅴ类持平。

（2）主要超标指标

2017 年，黄河流域主要超标指标为化学需氧量、氨氮和总磷，断面超标率分别为 27.6%、22.8%和 20.0%。

表 2.3-2　2017 年黄河流域超标指标情况

指标	统计断面数/个	年均值断面超标率/%	年均值范围/（mg/L）	年均值超标最高断面及超标倍数	
				断面名称	超标倍数
化学需氧量	137	27.6	未检出～29.9	磁窑河晋中市桑柳树	1.8
氨氮	137	22.8	未检出～16.80	文峪河吕梁市南姚	15.8
总磷	137	20.0	未检出～2.170	文峪河吕梁市南姚	9.8
氟化物	137	11.7	0.12～2.38	昆河包头市三艮才入黄口	1.7
石油类	137	11.0	未检出～0.34	金堤河濮阳市大韩桥	5.8
高锰酸盐指数	137	10.3	1.2～23.6	文峪河吕梁市南姚	2.9
五日生化需氧量	137	7.9	未检出～29.9	磁窑河晋中市桑柳树	1.4
挥发酚	137	4.1	未检出～0.050 8	文峪河吕梁市南姚	9.1
阴离子表面活性剂	137	4.1	未检出～1.15	磁窑河晋中市桑柳树	4.8
汞	137	3.4	未检出～0.000 23	巴彦淖尔市总排干入黄口	1.3
溶解氧	137	0.6	3.8～12.6	涑水河运城市张留庄	—

2.3.2.3　珠江流域

（1）水质状况

2017 年，珠江流域总体水质良好。165 个水质断面中，Ⅰ类占 3.0%，Ⅱ类占 56.4%，Ⅲ类占 27.9%，Ⅳ类占 6.1%，Ⅴ类占 2.4%，劣Ⅴ类占 4.2%。与上年相比，Ⅰ类水质断面比例上升 0.6 个百分点，Ⅱ类下降 6.0 个百分点，Ⅲ类上升 3.1 个百分点，Ⅳ类上升 1.3 个百分点，Ⅴ类上升 0.6 个百分点，劣Ⅴ类上升 0.6 个百分点。

珠江干流水质良好。50 个水质断面中，Ⅰ类占 2.0%，Ⅱ类占 60.0%，Ⅲ类占 24.0%，

Ⅳ类占 10.0%，Ⅴ类占 2.0%，劣Ⅴ类占 2.0%。与上年相比，Ⅰ类水质断面比例下降 2.0 个百分点，Ⅱ类下降 12.0 个百分点，Ⅲ类上升 12.0 个百分点，劣Ⅴ类上升 2.0 个百分点，其他类均持平。

珠江主要支流水质良好。101 个水质断面中，Ⅰ类占 4.0%，Ⅱ类占 50.5%，Ⅲ类占 31.7%，Ⅳ类占 5.0%，Ⅴ类占 3.0%，劣Ⅴ类占 5.9%。与上年相比，Ⅰ类水质断面比例上升 2.0 个百分点，Ⅱ类下降 5.9 个百分点，Ⅲ类上升 1.0 个百分点，Ⅳ类上升 2.0 个百分点，Ⅴ类上升 1.0 个百分点，劣Ⅴ类持平。

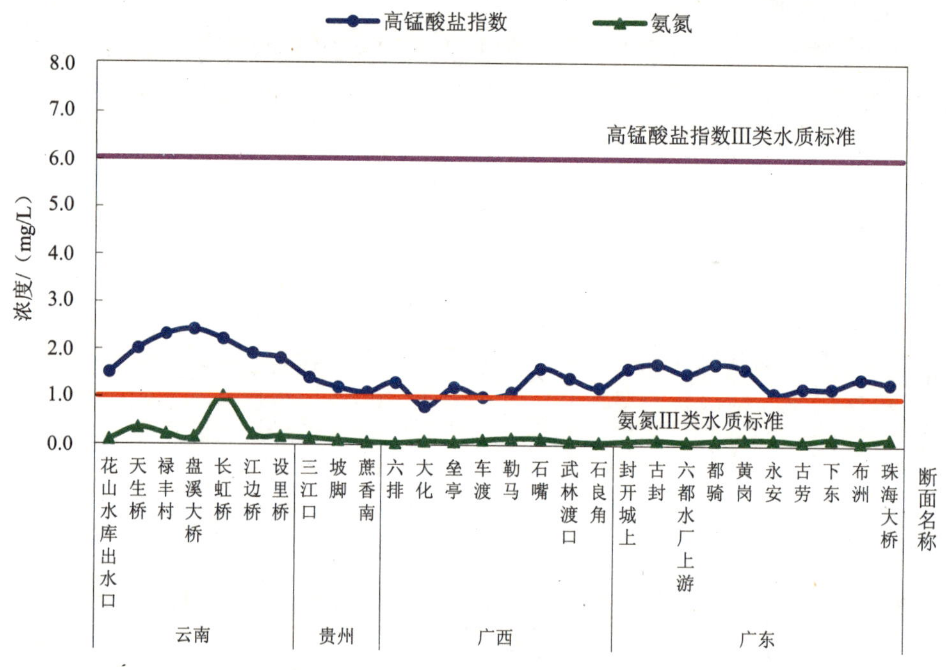

图 2.3-5 2017 年珠江干流高锰酸盐指数和氨氮浓度沿程变化

海南岛内河流水质为优。14 个水质断面中，Ⅱ类占 85.7%，Ⅲ类占 14.3%，无Ⅰ类、Ⅳ类、Ⅴ类和劣Ⅴ类。与上年相比，Ⅱ类水质断面比例上升 14.3 个百分点，Ⅲ类下降 14.3 个百分点，其他类均持平。

珠江省界断面水质为优。17 个水质断面中，Ⅰ类占 5.9%，Ⅱ类占 58.8%，Ⅲ类占 35.3%，无Ⅳ类、Ⅴ类和劣Ⅴ类。与上年相比，Ⅰ类水质断面比例上升 5.9 个百分点，Ⅱ类下降 17.7 个百分点，Ⅲ类上升 17.7 个百分点，Ⅳ类下降 5.9 个百分点，其他类均持平。

（2）主要超标指标

2017 年，珠江流域主要超标指标为氨氮、总磷和溶解氧，超标率分别为 8.5%、7.9% 和 7.3%。

表 2.3-3 2017 年珠江流域超标指标情况

指标	统计断面数/个	年均值断面超标率/%	年均值范围/（mg/L）	年均值超标最高断面及超标倍数	
				断面名称	超标倍数
氨氮	165	8.5	0.03～14.50	茅洲河东莞市、深圳市共和村	13.5
总磷	165	7.9	未检出～2.406	茅洲河东莞市、深圳市共和村	11.0
溶解氧	165	7.3	1.5～9.1	茅洲河东莞市、深圳市共和村	—
化学需氧量	165	4.2	未检出～44.4	练江汕头市海门湾桥闸	1.2
五日生化需氧量	165	3.6	未检出～9.6	茅洲河东莞市、深圳市共和村	1.4
高锰酸盐指数	165	1.8	0.8～11.2	练江汕头市海门湾桥闸	0.9
挥发酚	165	1.2	未检出～0.067 9	深圳河深圳市深圳河口	12.6
石油类	165	0.6	未检出～0.13	前山河水道珠海市石角咀水闸	1.6
氟化物	165	0.6	0.04～1.28	茅洲河东莞市、深圳市共和村	0.3
阴离子表面活性剂	165	0.6	未检出～0.24	茅洲河东莞市、深圳市共和村	0.2
汞	165	0.6	未检出～0.000 13	练江汕头市海门湾桥闸	0.3

2.3.2.4 松花江流域

（1）水质状况

2017 年，松花江流域总体为轻度污染，主要超标指标为化学需氧量、高锰酸盐指数和氨氮。108 个水质断面中，无Ⅰ类，Ⅱ类占 14.8%，Ⅲ类占 53.7%，Ⅳ类占 25.0%，Ⅴ类占 0.9%，劣Ⅴ类占 5.6%。与上年相比，Ⅰ类水质断面比例持平，Ⅱ类上升 0.9 个百分点，Ⅲ类上升 7.4 个百分点，Ⅳ类下降 4.6 个百分点，Ⅴ类下降 2.8 个百分点，劣Ⅴ类下降 0.9 个百分点。

松花江干流水质良好。17 个水质断面中，Ⅱ类占 11.8%，Ⅲ类占 76.5%，Ⅳ类占 11.8%，无Ⅰ类、Ⅴ类和劣Ⅴ类。与上年相比，Ⅱ类水质断面比例下降 11.7 个百分点，Ⅲ类上升 5.9 个百分点，Ⅳ类上升 5.9 个百分点，其他类均持平。

松花江主要支流为轻度污染，主要超标指标为化学需氧量、高锰酸盐指数和氨氮。56 个水质断面中，无Ⅰ类，Ⅱ类占 19.6%，Ⅲ类占 48.2%，Ⅳ类占 21.4%，Ⅴ类占 1.8%，劣Ⅴ类占 8.9%。与上年相比，Ⅱ类水质断面比例上升 5.3 个百分点，Ⅲ类上升 8.9 个百分点，Ⅳ类下降 10.7 个百分点，Ⅴ类下降 3.6 个百分点，其他类均持平。

黑龙江水系为轻度污染，主要超标指标为化学需氧量和高锰酸盐指数。18 个水质断面中，Ⅱ类占 16.7%，Ⅲ类占 44.4%，Ⅳ类占 33.3%，劣Ⅴ类占 5.6%，无Ⅰ类和Ⅴ类。与上年相比，Ⅰ类水质断面比例持平，Ⅱ类上升 11.1 个百分点，Ⅲ类上升 5.5 个百分点，Ⅳ类下降 16.7 个百分点，Ⅴ类下降 5.6 个百分点，劣Ⅴ类上升 5.6 个百分点。

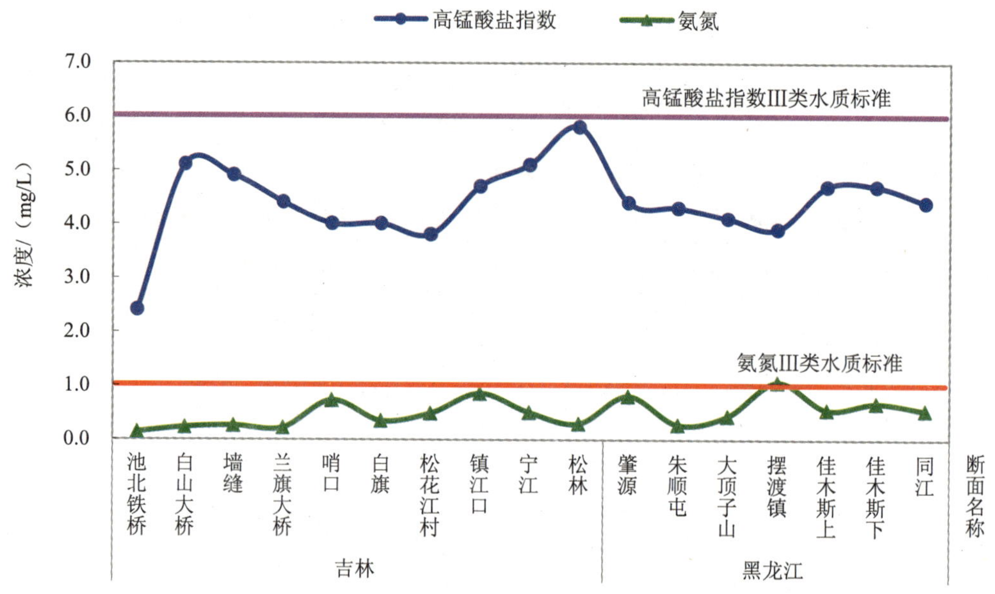

图 2.3-6　2017 年松花江流域干流高锰酸盐指数和氨氮浓度沿程变化

乌苏里江水系为轻度污染，主要超标指标为化学需氧量、高锰酸盐指数和五日生化需氧量。9 个水质断面中，Ⅲ类占 55.6%，Ⅳ类占 44.4%，无Ⅰ类、Ⅱ类、Ⅴ类和劣Ⅴ类。与上年相比，Ⅲ类水质断面比例上升 11.1 个百分点，Ⅳ类下降 11.1 个百分点，其他类均持平。

图们江水系为轻度污染，主要超标指标为总磷、石油类和氨氮。7 个水质断面中，Ⅲ类占 57.1%，Ⅳ类占 42.9%，无Ⅰ类、Ⅱ类、Ⅴ类和劣Ⅴ类。与上年相比，Ⅳ类水质断面比例上升 28.6 个百分点，Ⅴ类和劣Ⅴ类均下降 14.3 个百分点，其他类均持平。

绥芬河水质良好。1 个水质断面为Ⅲ类水质。

松花江流域省界断面水质良好。23 个水质断面中，无Ⅰ类、Ⅴ类和劣Ⅴ类，Ⅱ类占 30.4%，Ⅲ类占 56.5%，Ⅳ类占 13.0%。与上年相比，Ⅱ类水质断面比例下降 4.4 个百分点，Ⅳ类上升 4.3 个百分点，其他类均持平。

（2）主要超标指标

2017 年，松花江流域主要超标指标为化学需氧量、高锰酸盐指数和氨氮，断面超标率分别为 23.1%、15.9%和 10.3%。

表 2.3-4 2017 年松花江流域超标指标情况

指标	统计断面数/个	年均值断面超标率/%	年均值范围/（mg/L）	年均值超标最高断面及超标倍数	
				断面名称	超标倍数
化学需氧量	108	23.1	5.8～43.4	伊通河长春市靠山大桥	1.2
高锰酸盐指数	107	15.9	1.8～11.1	倭肯河七台河市抢肯	0.8
氨氮	107	10.3	未检出～10.50	伊通河长春市靠山大桥	9.5
总磷	108	9.3	未检出～0.844	双阳河长春市砖瓦窑桥	3.2
五日生化需氧量	108	8.3	0.7～15.9	双阳河长春市砖瓦窑桥	3.0
石油类	107	3.7	未检出～0.09	松花江吉林市哨口安邦河双鸭山市兴农排灌站	0.8
氟化物	108	1.9	0.02～1.61	伊通河长春市靠山大桥	0.6
溶解氧	108	0.9	4.9～13.4	双阳河长春市砖瓦窑桥	—
阴离子表面活性剂	108	0.9	未检出～0.27	伊通河长春市靠山大桥	0.4

2.3.2.5 淮河流域

（1）水质状况

2017 年，淮河流域总体为轻度污染，主要超标指标为化学需氧量、总磷和氟化物。180 个水质断面中，无Ⅰ类，Ⅱ类占 6.7%，Ⅲ类占 39.4%，Ⅳ类占 36.7%，Ⅴ类占 8.9%，劣Ⅴ类占 8.3%。与上年相比，Ⅰ类水质断面比例持平，Ⅱ类下降 0.5 个百分点，Ⅲ类下降 6.7 个百分点，Ⅳ类上升 12.8 个百分点，Ⅴ类下降 6.7 个百分点，劣Ⅴ类上升 1.1 个百分点。

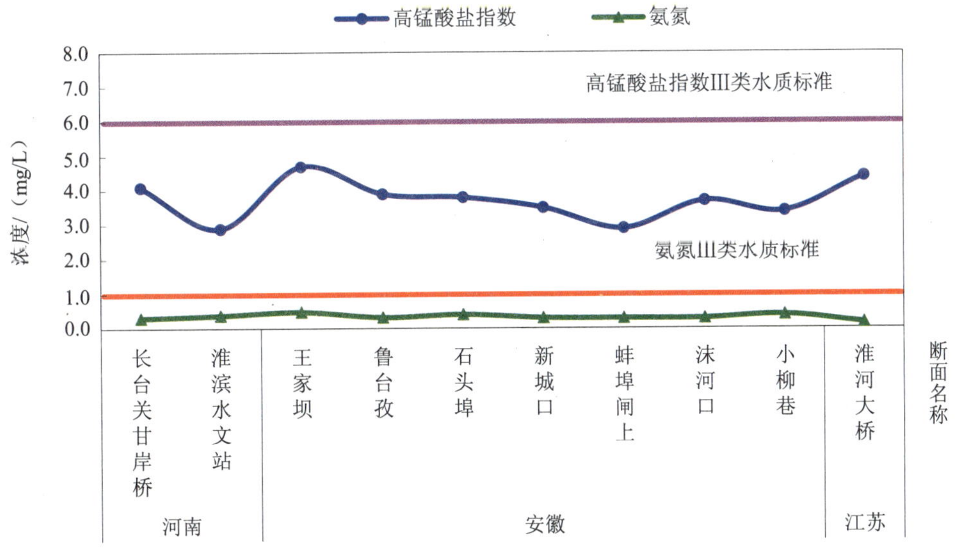

图 2.3-7 2017 年淮河干流高锰酸盐指数和氨氮浓度沿程变化

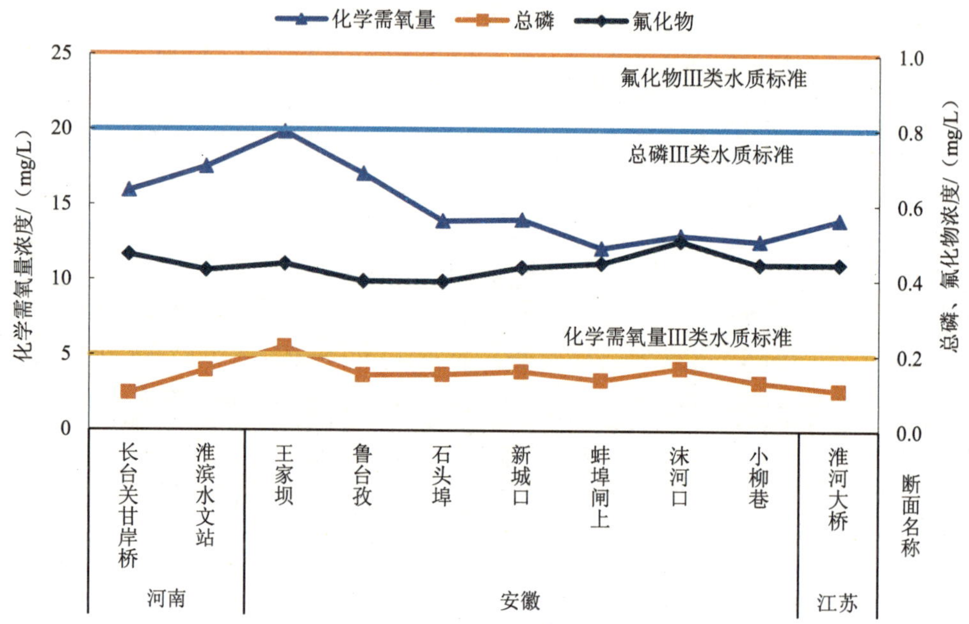

图 2.3-8　2017 年淮河干流主要超标指标浓度沿程变化

淮河干流为轻度污染，主要超标指标为氟化物、总磷和化学需氧量。10 个水质断面中，Ⅲ类占 70.0%，Ⅳ类占 20.0%，劣Ⅴ类占 10.0%，无Ⅰ类、Ⅱ类和Ⅴ类。与上年相比，Ⅲ类水质断面比例下降 20.0 个百分点，Ⅳ类上升 10.0 个百分点，劣Ⅴ类上升 10.0 个百分点，其他类均持平。

淮河主要支流为轻度污染，主要超标指标为化学需氧量、总磷和五日生化需氧量。101 个水质断面中，无Ⅰ类，Ⅱ类占 9.9%，Ⅲ类占 33.7%，Ⅳ类占 39.6%，Ⅴ类占 9.9%，劣Ⅴ类占 6.9%。与上年相比，Ⅲ类水质断面比例下降 1.9 个百分点，Ⅳ类上升 10.9 个百分点，Ⅴ类下降 8.9 个百分点，其他类均持平。

沂沭泗水系为轻度污染，主要超标指标为化学需氧量、氟化物和高锰酸盐指数。48 个水质断面中，无Ⅰ类，Ⅱ类占 2.1%，Ⅲ类占 56.2%，Ⅳ类占 31.2%，Ⅴ类占 6.2%，劣Ⅴ类占 4.2%。与上年相比，Ⅰ类水质断面比例持平，Ⅱ类上升 2.1 个百分点，Ⅲ类下降 16.7 个百分点，Ⅳ类上升 12.4 个百分点，Ⅴ类上升 4.1 个百分点，劣Ⅴ类下降 2.1 个百分点。

山东半岛独流入海河流为中度污染，主要超标指标为化学需氧量、氨氮和五日生化需氧量。21 个水质断面中，无Ⅰ类，Ⅱ类占 4.8%，Ⅲ类占 14.3%，Ⅳ类占 42.9%，Ⅴ类占 14.3%，劣Ⅴ类占 23.8%。与上年相比，Ⅱ类水质断面比例下降 9.5 个百分点，Ⅳ类上升 23.9 个百分点，Ⅴ类下降 23.8 个百分点，劣Ⅴ类上升 9.5 个百分点，其他类均持平。

淮河流域省界为轻度污染，主要超标指标为化学需氧量、总磷和五日生化需氧量。30 个水质断面中，无Ⅰ类和Ⅱ类，Ⅲ类占 43.3%，Ⅳ类占 23.3%，Ⅴ类占 20.0%，劣Ⅴ类占

13.3%。与上年相比，Ⅲ类水质断面比例上升 3.3 个百分点，Ⅳ类上升 3.3 个百分点，Ⅴ类下降 6.7 个百分点，其他类均持平。

（2）主要超标指标

2017 年，淮河流域主要超标指标为化学需氧量、总磷和氟化物，断面超标率分别为 33.3%、23.3%和 19.4%。

表 2.3-5 2017 年淮河流域超标指标情况

指标	统计断面数/个	年均值断面超标率/%	年均值范围/（mg/L）	年均值超标最高断面及超标倍数	
				断面名称	超标倍数
化学需氧量	180	33.3	未检出～44.7	小清河滨州市西闸	1.2
总磷	180	23.3	未检出～0.672	洪河新蔡县新蔡班台	2.4
氟化物	180	19.4	0.06～2.37	城郭河枣庄市群乐桥	1.4
五日生化需氧量	180	17.8	未检出～7.4	五龙河烟台市桥头	0.8
高锰酸盐指数	180	17.2	2.0～14.1	东渔河菏泽市徐寨	1.4
氨氮	180	11.7	未检出～3.46	小清河济南市辛丰庄	2.5
石油类	180	7.2	未检出～0.80	西盐大浦河连云港市盐河桥	15.0
挥发酚	180	1.1	未检出～0.039 0	小清河济南市辛丰庄	6.8
溶解氧	180	0.6	4.3～11.5	小清河济南市辛丰庄	—
锌	180	0.6	未检出～1.18	运料河宿州市下楼公路桥	0.2

2.3.2.6 海河流域

（1）水质状况

2017 年，海河流域总体为中度污染，主要超标指标为化学需氧量、五日生化需氧量和总磷。161 个水质断面中，Ⅰ类占 1.9%，Ⅱ类占 20.5%，Ⅲ类占 19.3%，Ⅳ类占 13.0%，Ⅴ类占 12.4%，劣Ⅴ类占 32.9%。与上年相比，Ⅱ类水质断面比例上升 1.2 个百分点，Ⅲ类上升 3.2 个百分点，Ⅴ类上升 3.7 个百分点，劣Ⅴ类下降 8.1 个百分点，其他类均持平。

海河干流 2 个水质断面，三岔口为Ⅲ类，海河大闸为劣Ⅴ类。

海河主要支流为中度污染，主要超标指标为化学需氧量、五日生化需氧量和总磷。125 个水质断面中，Ⅰ类占 2.4%，Ⅱ类占 22.4%，Ⅲ类占 15.2%，Ⅳ类占 8.8%，Ⅴ类占 12.0%，劣Ⅴ类占 39.2%。与上年相比，Ⅰ类水质断面比例持平，Ⅱ类上升 4.0 个百分点，Ⅲ类上升 3.2 个百分点，Ⅳ类下降 1.6 个百分点，Ⅴ类上升 4.8 个百分点，劣Ⅴ类下降 10.4 个百分点。

滦河水系为轻度污染。17 个水质断面中，Ⅱ类占 23.5%，Ⅲ类占 41.2%，Ⅳ类占 29.4%，Ⅴ类占 5.9%，无Ⅰ类和劣Ⅴ类。与上年相比，Ⅱ类水质断面比例下降 17.7 个百分点，Ⅲ类下降 5.9 个百分点，Ⅳ类上升 17.6 个百分点，Ⅴ类上升 5.9 个百分点，其他类均持平。

徒骇马颊河水系为轻度污染，主要超标指标为化学需氧量、高锰酸盐指数和五日生化需氧量。11 个水质断面中，无 I 类，II 类占 9.1%，III类占 18.2%，IV类占 18.2%，V 类占 36.4%，劣 V 类占 18.2%。与上年相比，IV类水质断面比例上升 9.1 个百分点，劣 V 类下降 9.1 个百分点，其他类均持平。

冀东沿海诸河水系为轻度污染，主要超标指标为高锰酸盐指数、总磷和五日生化需氧量。6 个水质断面中，III类占 33.3%，IV类占 50.0%，劣 V 类占 16.7%，无 I 类、II 类和 V 类。与上年相比，III类水质断面比例上升 16.6 个百分点，IV类下降 16.7 个百分点，其他类均持平。

海河流域省界断面为中度污染，主要超标指标为化学需氧量、总磷和五日生化需氧量。48 个水质断面中，I 类占 2.1%，II 类占 16.7%，III类占 14.6%，IV类占 6.3%，V 类占 20.8%，劣 V 类占 39.6%。与上年相比，III类水质断面比例上升 2.1 个百分点，IV类下降 2.0 个百分点，V 类上升 14.6 个百分点，劣 V 类下降 14.6 个百分点，其他类均持平。

（2）主要超标指标

2017 年，海河流域主要超标指标为化学需氧量、五日生化需氧量和总磷，断面超标率分别为 48.7%、41.0%和 37.8%。

表 2.3-6　2017 年海河流域超标指标情况

指标	统计断面数/个	年均值断面超标率/%	年均值范围/（mg/L）	年均值超标最高断面及超标倍数	
				断面名称	超标倍数
化学需氧量	156	48.7	未检出～135.1	北排河天津市北排水河防潮闸	5.8
五日生化需氧量	156	41.0	未检出～23.4	龙河廊坊市三小营	4.8
总磷	156	37.8	未检出～1.422	龙河廊坊市三小营	6.1
高锰酸盐指数	156	37.2	0.9～23.0	北排河天津市北排水河防潮闸	2.8
氨氮	156	32.1	未检出～13.27	滏阳河邢台市艾辛庄	12.3
石油类	156	17.3	未检出～0.25	凉水河北京市大红门闸上	4.0
氟化物	156	14.1	0.19～4.16	桑干河大同市固定桥	3.2
阴离子表面活性剂	156	8.3	未检出～0.65	沧浪渠天津市沧浪渠出境	2.2
挥发酚	156	7.7	未检出～0.054 5	卫河新乡市小河口	9.9
汞	156	0.6	未检出～0.000 11	桑干河大同市固定桥	0.1
硒	156	0.6	未检出～0.012	御河大同市堡子湾	0.2

2.3.2.7 辽河流域

（1）水质状况

辽河流域总体为轻度污染，主要超标指标为总磷、化学需氧量和五日生化需氧量。106个水质断面中，Ⅰ类占2.8%，Ⅱ类占23.6%，Ⅲ类占22.6%，Ⅳ类占24.5%，Ⅴ类占7.5%，劣Ⅴ类占18.9%。与上年相比，Ⅰ类水质断面比例上升0.9个百分点，Ⅱ类下降7.5个百分点，Ⅲ类上升10.3个百分点，Ⅳ类上升1.9个百分点，Ⅴ类下降9.5个百分点，劣Ⅴ类上升3.8个百分点。

辽河干流为轻度污染，主要超标指标为五日生化需氧量、化学需氧量和高锰酸盐指数。15个水质断面中，无Ⅰ类和Ⅱ类，Ⅲ类占13.3%，Ⅳ类占46.7%，Ⅴ类占26.7%，劣Ⅴ类占13.3%。与上年相比，Ⅴ类水质断面比例下降6.6个百分点，劣Ⅴ类上升6.6个百分点，其他类均持平。

辽河主要支流为重度污染，主要超标指标为化学需氧量、总磷和高锰酸盐指数。21个水质断面中，无Ⅰ类和Ⅱ类，Ⅲ类占14.3%，Ⅳ类占33.3%，Ⅴ类占4.8%，劣Ⅴ类占47.6%。与上年相比，Ⅰ类水质断面比例持平，Ⅱ类下降9.5个百分点，Ⅲ类下降9.5个百分点，Ⅳ类上升19.0个百分点，Ⅴ类下降19.0个百分点，劣Ⅴ类上升19.0个百分点。

大辽河水系为中度污染，主要超标指标为总磷、五日生化需氧量和氨氮。28个水质断面中，无Ⅰ类，Ⅱ类占35.7%，Ⅲ类占25.0%，Ⅳ类占7.1%，Ⅴ类占7.1%，劣Ⅴ类占25.0%。与上年相比，Ⅰ类和Ⅱ类水质断面比例持平，Ⅲ类上升25.0个百分点，Ⅳ类下降21.5个百分点，Ⅴ类下降10.8个百分点，劣Ⅴ类上升7.1个百分点。

大凌河水系为轻度污染，主要超标指标为总磷、挥发酚和石油类。11个水质断面中，Ⅱ类占27.3%，Ⅲ类占36.4%，Ⅳ类占36.4%，无Ⅰ类、Ⅴ类和劣Ⅴ类水质断面。与上年相比，Ⅰ类水质断面比例持平，Ⅱ类下降18.1个百分点，Ⅲ类上升27.3个百分点，Ⅳ类上升27.3个百分点，Ⅴ类下降27.3个百分点，劣Ⅴ类下降9.1个百分点。

鸭绿江水系水质为优。13个水质断面中，Ⅰ类占15.4%，Ⅱ类占69.2%，Ⅲ类占15.4%，无Ⅳ类、Ⅴ类和劣Ⅴ类。与上年相比，Ⅰ类水质断面比例上升7.7个百分点，Ⅱ类下降15.4个百分点，Ⅲ类上升7.7个百分点，其他类均持平。

辽河流域省界断面为重度污染，主要超标指标为化学需氧量、五日生化需氧量和氨氮。10个水质断面中，Ⅱ类占30.0%，Ⅲ类占10.0%，Ⅳ类占10.0%，劣Ⅴ类占50.0%，无Ⅰ类和Ⅴ类水质断面。与上年相比，Ⅱ类水质断面比例上升10.0个百分点，Ⅲ类下降10.0个百分点，Ⅴ类下降30.0个百分点，劣Ⅴ类上升30.0个百分点，其他类均持平。

（2）主要超标指标

2017年，辽河流域主要超标指标为总磷、化学需氧量和五日生化需氧量，断面超标率分别为32.7%、30.8%和26.0%。

表 2.3-7 2017 年辽河流域超标指标情况

指标	统计断面数/个	年均值断面超标率/%	年均值范围/（mg/L）	年均值超标最高断面及超标倍数	
				断面名称	超标倍数
总磷	104	32.7	0.005～3.256	东辽河四平市城子上	15.3
化学需氧量	104	30.8	未检出～105.9	条子河四平市林家	4.3
五日生化需氧量	104	26.0	0.6～16.9	条子河四平市林家	3.2
高锰酸盐指数	104	22.1	0.7～19.7	条子河四平市林家	2.3
氨氮	104	20.2	0.01～24.76	条子河四平市林家	23.8
石油类	104	14.4	0.002～0.41	亮子河铁岭市亮子河入河口	7.2
氟化物	104	5.8	0.07～1.75	西辽河四平市西辽河大桥	0.8
挥发酚	104	3.8	0.000 1～0.015 2	蒲河沈阳市蒲河沿	2.0
阴离子表面活性剂	104	2.9	0.02～0.68	细河沈阳市于台	2.4
汞	104	1.9	未检出～0.000 11	辽河盘锦市曙光大桥、绕阳河盘锦市胜利塘	0.1
溶解氧	104	1.0	3.9～12.8	小凌河锦州市何家信子	—

2.3.2.8 浙闽片河流

（1）水质状况

2017 年，浙闽片河流总体水质良好。125 个水质断面中，Ⅰ类水占 2.4%，Ⅱ类占 40.8%，Ⅲ类占 45.6%，Ⅳ类占 7.2%，Ⅴ类占 3.2%，劣Ⅴ类占 0.8%。与上年相比，Ⅰ类水质断面比例下降 0.8 个百分点，Ⅱ类下降 12.8 个百分点，Ⅲ类上升 8.0 个百分点，Ⅳ类上升 4.0 个百分点，Ⅴ类上升 0.8 个百分点，劣Ⅴ类上升 0.8 个百分点。

浙江境内河流水质良好。68 个水质断面中，Ⅰ类水质断面比例占 4.4%，Ⅱ类占 42.6%，Ⅲ类占 41.2%，Ⅳ类占 7.4%，Ⅴ类占 4.4%，无劣Ⅴ类。与上年相比，Ⅰ类下降 1.5 个百分点，Ⅱ类下降 4.5 个百分点，Ⅲ类持平，Ⅳ类上升 4.5 个百分点，Ⅴ类上升 1.5 个百分点，劣Ⅴ类持平。

福建境内河流水质良好。52 个水质断面中，Ⅱ类占 36.5%，Ⅲ类占 53.8%，Ⅳ类占 5.8%，Ⅴ类占 1.9%，劣Ⅴ类占 1.9%。与上年相比，Ⅱ类水质断面下降 23.1 个百分点，Ⅲ类上升 19.2 个百分点，Ⅳ类上升 2.0 个百分点，Ⅴ类持平，劣Ⅴ类上升 1.9 个百分点。

安徽境内河流水质为优。5 个水质断面中，Ⅱ类占 60.0%，Ⅲ类占 20.0%，Ⅳ类占 20.0%。与上年相比，Ⅱ类水质断面下降 20.0 个百分点，Ⅲ类持平，Ⅳ类上升 20.0 个百分点。

浙闽片河流省界断面水质为优。2 个水质断面均为Ⅱ类。

（2）主要超标指标

2017 年，浙闽片河流主要超标指标为总磷、氨氮和化学需氧量，超标率分别为 4.8%、4.0%和 4.0%。

表 2.3-8 2017 年浙闽片河流超标指标情况

指标	统计断面数/个	年均值断面超标率/%	年均值范围/（mg/L）	年均值超标最高断面及超标倍数	
				断面名称	超标倍数
总磷	125	4.8	0.010～0.356	龙江福州市福清海口桥	0.8
氨氮	125	4.0	0.03～2.79	龙江福州市福清海口桥	1.8
化学需氧量	125	4.0	未检出～33.8	龙江福州市福清海口桥	0.7
溶解氧	125	2.4	4.5～10.1	龙江福州市福清海口桥	—
高锰酸盐指数	125	1.6	0.9～8.7	南溪漳州市南溪浮宫桥	0.5
石油类	125	0.8	未检出～0.10	江厦大港台州市温峤断面	1.0
挥发酚	125	0.8	未检出～0.028 0	新昌江绍兴市章店	4.6

2.3.2.9 西北诸河

（1）水质状况

2017 年，西北诸河总体水质为优。62 个水质断面中，Ⅰ类占 12.9%，Ⅱ类占 77.4%，Ⅲ类占 6.4%，Ⅳ类占 1.6%，Ⅴ类占 1.6%，无劣Ⅴ类。与上年相比，Ⅰ类水质断面比例上升 8.1 个百分点，Ⅱ类上升 1.6 个百分点，Ⅲ类下降 6.5 个百分点，Ⅳ类下降 3.2 个百分点，其他类均持平。

新疆境内河流水质为优。42 个水质断面中，Ⅰ类占 16.7%，Ⅱ类占 78.6%，Ⅲ类占 2.4%，Ⅴ类占 2.4%，无劣Ⅴ类。与上年相比，Ⅰ类水质断面上升 9.6 个百分点，Ⅲ类下降 9.5 个百分点，其他类均持平。

甘肃境内河流水质为优。11 个水质断面中，Ⅰ类占 9.1%，Ⅱ类占 72.7%，Ⅲ类占 9.1%，Ⅳ类占 9.1%。与上年相比，Ⅰ类水质断面上升 9.1 个百分点，Ⅲ类下降 9.1 个百分点，其他类均持平。

青海境内河流水质为优。6 个水质断面中，Ⅱ类占 100%。与上年相比，Ⅱ类水质断面上升 16.7 个百分点，Ⅲ类下降 16.7 个百分点。

内蒙古境内 3 个水质断面，1 个为Ⅱ类，2 个为Ⅲ类。

西北诸河省界断面水质为优。2 个水质断面中，甘—蒙省界王家庄断面为Ⅲ类，青—甘省界黄藏寺断面为Ⅱ类。

（2）主要超标指标

2017 年，西北诸河主要超标指标为石油类、氨氮和总磷，超标率均为 1.6%。

表 2.3-9 2017 年西北诸河超标指标情况

指标	统计断面数/个	年均值断面超标率/%	年均值范围/（mg/L）	年均值超标最高断面及超标倍数	
				断面名称	超标倍数
石油类	62	1.6	未检出～0.28	石油河酒泉市西河坝桥	4.6
氨氮	62	1.6	未检出～1.88	克孜河喀什地区十二医院	0.9
总磷	62	1.6	未检出～0.280	克孜河喀什地区十二医院	0.4

2.3.2.10 西南诸河

（1）水质状况

2017 年，西南诸河总体水质为优。63 个水质断面中，Ⅱ类占 79.4%，Ⅲ类占 15.9%，Ⅳ类占 3.2%，劣Ⅴ类占 1.6%，无Ⅰ类和Ⅴ类。与上年相比，Ⅰ类水质断面比例下降 1.6 个百分点，Ⅲ类上升 6.4 个百分点，Ⅳ类下降 4.7 个百分点，其他类均持平。

西藏境内河流水质为优。17 个水质断面中，Ⅱ类占 94.1%，Ⅲ类占 5.9%，无Ⅰ类、Ⅳ类、Ⅴ类和劣Ⅴ类。与上年相比，Ⅱ类水质断面下降 5.9 个百分点，Ⅲ类上升 5.9 个百分点。

云南境内河流水质良好。46 个水质断面中，Ⅱ类占 73.9%，Ⅲ类占 19.6%，Ⅳ类占 4.4%，劣Ⅴ类占 2.2%，无Ⅰ类。与上年相比，Ⅰ类水质断面下降 2.2 个百分点，Ⅱ类上升 2.2 个百分点，Ⅲ类上升 6.6 个百分点，Ⅳ类下降 6.5 个百分点，Ⅴ类和劣Ⅴ类均持平。

西南诸河省界断面水质为优。2 个水质断面均为Ⅱ类。

（2）主要超标指标

2017 年，西南诸河主要超标指标为总磷、氨氮和化学需氧量，超标率分别为 4.8%、3.2%和 1.6%。

表 2.3-10 2017 年西南诸河超标指标情况

指标	统计断面数/个	年均值断面超标率/%	年均值范围/（mg/L）	年均值超标最高断面及超标倍数	
				断面名称	超标倍数
总磷	63	4.8	0.009～0.324	思茅河普洱市莲花乡	0.7
氨氮	63	3.2	0.02～2.35	思茅河普洱市莲花乡	1.4
化学需氧量	63	1.6	未检出～21.0	思茅河普洱市莲花乡	0.05

2.3.2.11 南水北调

（1）南水北调（东线）

1）沿线水环境质量

南水北调（东线）长江规划取水口夹江三江营断面为Ⅲ类水质。输水干线京杭运河里运河段、宝应运河段、宿迁运河段、不牢河段、韩庄运河段和梁济运河段水质良好。

表 2.3-11 2017 年南水北调（东线）沿线主要河流水质状况

河流名称	断面名称	汇入湖库	所在地市	水质类别		主要超标指标（超标倍数）
				2017 年	2016 年	
夹江	三江营		扬州市	Ⅲ	Ⅱ	—
里运河段	槐泗河口			Ⅲ	Ⅲ	—
宝应运河段	大运河船闸（宝应船闸）			Ⅲ	Ⅲ	—
宿迁运河段	马陵翻水站		宿迁市	Ⅲ	Ⅲ	—
不牢河段	蔺家坝		徐州市	Ⅲ	Ⅲ	—
韩庄运河段	台儿庄大桥		枣庄市	Ⅲ	Ⅲ	—
梁济运河段	李集		济宁市	Ⅲ	Ⅲ	—
沂河	港上桥	汇入骆马湖	徐州市	Ⅲ	Ⅲ	—
沿河	李集桥	汇入南四湖		Ⅲ	Ⅲ	—
城郭河	群乐桥		枣庄市	劣Ⅴ	Ⅲ	氟化物（1.4）、总磷（1.2）、化学需氧量（0.2）
洙赵新河	于楼		菏泽市	Ⅳ	Ⅴ	总磷（0.4）、盐指数（0.2）
老运河	西石佛		济宁市	Ⅲ	Ⅲ	—
洸府河	东石佛			Ⅳ	Ⅲ	石油类（0.6）、化学需氧量（0.1）、氟化物（0.1）
泗河	尹沟			Ⅱ	Ⅲ	—
白马河	马楼			Ⅳ	Ⅲ	石油类（1.4）、氟化物（0.1）、化学需氧量（0.04）
老运河	老运河微山段			Ⅲ	Ⅲ	—
西支河	入湖口			Ⅳ	Ⅲ	化学需氧量（0.2）、氟化物（0.2）、高锰酸盐指数（0.1）
东渔河	西姚			Ⅳ	Ⅲ	化学需氧量（0.2）、高锰酸盐指数（0.1）
洙水河	105 公路桥			Ⅳ	Ⅲ	石油类（0.4）、氟化物（0.2）、化学需氧量（0.2）
大汶河	王台大桥	汇入东平湖	泰安市	Ⅲ	Ⅲ	—

洪泽湖湖体为中度污染，主要超标指标为总磷。营养状态为轻度富营养。

骆马湖湖体水质良好，营养状态为中营养。汇入骆马湖的沂河水质良好。

南四湖湖体为轻度污染，主要超标指标为总磷，营养状态为轻度富营养。汇入南四湖的 11 条河流中，城郭河为重度污染，洙赵新河、洸府河、白马河、西支河、东渔河和洙水河为轻度污染，其他河流水质优良。

东平湖湖体为轻度污染，主要超标指标为总磷和氟化物，营养状态为轻度富营养。汇入东平湖的大汶河水质良好。

表 2.3-12　2017 年南水北调（东线）沿线主要湖泊水质状况

湖泊名称	所属省份	监测点位数	营养状态指数	营养状态	水质类别		主要超标指标（超标倍数）
					2017 年	2016 年	
洪泽湖	江苏	6	55.1	轻度富营养	Ⅴ	Ⅴ	总磷（1.3）
骆马湖		2	46.4	中营养	Ⅲ	Ⅲ	—
南四湖	山东	5	50.2	轻度富营养	Ⅳ	Ⅲ	总磷（0.1）
东平湖		2	50.7	轻度富营养	Ⅳ	Ⅲ	总磷（0.3）、氟化物（0.2）

2）调水期间水环境质量

2017 年南水北调东线一期工程在 1—5 月和 11 月、12 月 3 个时段分别进行调水。调水期间调水线路上涉及的 12 个断面中，除三江营、江都西闸断面为Ⅱ类水质外，其余断面均为Ⅲ类水质。

表 2.3-13　2017 年南水北调（东线）一期工程调水期间干线水质状况

断面名称	河流名称	所属省份	所在地市	水质类别
三江营	夹江	江苏省	扬州市	Ⅱ
江都西闸	芒稻河	江苏省	扬州市	Ⅱ
骆马湖乡	骆马湖	江苏省	宿迁市	Ⅲ
三场	骆马湖	江苏省	宿迁市	Ⅲ
张楼	京杭大运河（中运河段）	江苏省	徐州市	Ⅲ
老山乡	洪泽湖	江苏省	淮安市	Ⅲ
顾勒大桥	徐洪河	江苏省	宿迁市	Ⅲ
台儿庄大桥	京杭大运河（韩庄运河）	山东省	枣庄市	Ⅲ
南阳	南四湖	山东省	济宁市	Ⅲ
岛东	南四湖	山东省	济宁市	Ⅲ
李集	京杭大运河(梁济运河段)	山东省	济宁市	Ⅲ
东平湖湖北	东平湖	山东省	泰安市	Ⅲ

（2）南水北调（中线）

2017 年，丹江口水库水质为优，营养状态为中营养。

汇入丹江口水库的 9 条河流中，天河、官山河和浪河水质良好，其他河流水质均为优。

表 2.3-14 2017 年南水北调（中线）源头丹江口水库水质状况

点位名称	所在地市	水质类别	
		2017 年	2016 年
坝上中	十堰市	Ⅱ	Ⅱ
五龙泉	南阳市	Ⅱ	Ⅱ
宋岗		Ⅱ	Ⅱ
何家湾	十堰市	Ⅲ	Ⅱ
江北大桥		Ⅱ	Ⅱ

表 2.3-15 2017 年南水北调（中线）主要河流水质状况

序号	河流名称	断面名称	所在地市	断面属性	水质类别	
					2017 年	2016 年
1	汉江	烈金坝	汉中市		Ⅰ	Ⅰ
2		黄金峡		城市河段	Ⅱ	Ⅱ
3		小钢桥	安康市		Ⅱ	Ⅱ
4		老君关		城市河段	Ⅱ	Ⅱ
5		羊尾	十堰市	省界	Ⅱ	Ⅱ
6		陈家坡			Ⅱ	Ⅱ
7	淇河	淅川高湾	南阳市	入河口	Ⅱ	Ⅱ
8	金钱河	夹河口	十堰市	入库口	Ⅱ	Ⅱ
9	天河	天河口			Ⅲ	Ⅱ
10	堵河	焦家院			Ⅱ	Ⅱ
11	官山河	孙家湾			Ⅲ	Ⅲ
12	浪河	浪河口			Ⅲ	Ⅱ
13	丹江	构峪口	商洛市		Ⅱ	Ⅱ
14		丹凤下			Ⅲ	Ⅱ
15		淅川荆紫关	南阳市	省界	Ⅱ	Ⅱ
16		淅川史家湾		入库口	Ⅱ	Ⅱ
17	老灌河	淅川张营			Ⅱ	Ⅱ

2.3.2.12 三峡库区

（1）营养状态

2017 年 1—12 月，三峡库区 38 条主要支流水体处于富营养状态的断面比例为 1.3%～32.5%，处于中营养状态的断面比例为 62.3%～96.1%，处于贫营养状态的断面比例为 0%～9.1%。其中，回水区水体处于富营养状态的断面比例为 2.4%～40.5%，非回水区为 0%～25.7%。

与上年水华敏感期（3—10 月）相比，回水区总体富营养化程度有所下降。其中，3—7 月富营养断面比例比上年同期分别下降 12.3 个、9.6 个、7.1 个、7.1 个和 16.6 个百分点，10 月比上年同期上升 2.3 个百分点，8 月和 9 月与上年同期持平。非回水区总体富营养化程度比上年也有所下降。其中，3 月、5—8 月富营养断面比例比上年同期分别下降 2.4 个、2.8 个、22.8 个、11.4 个和 11.4 个百分点，4 月和 10 月比上年同期分别上升 2.9 个和 5.7 个百分点，9 月与上年同期持平。

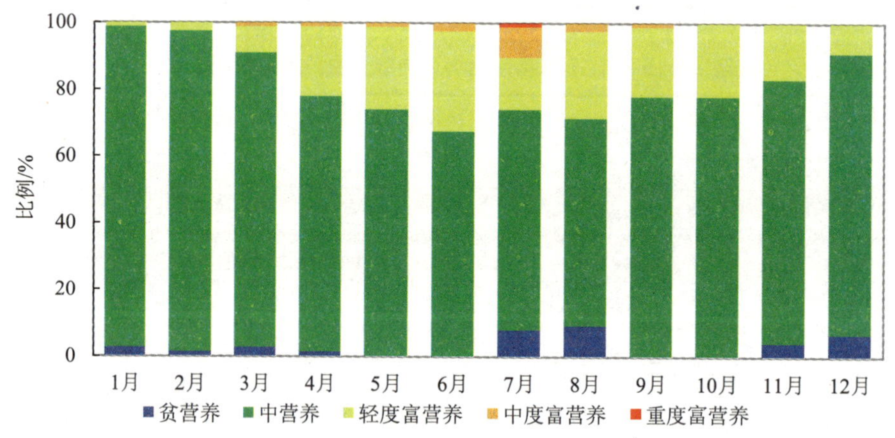

图 2.3-9 2017 年三峡库区长江主要支流水体营养状况

（2）水华状况

2017 年，三峡库区梅溪河、大宁河、神女溪、苎溪河、桃花溪、龙河和澎溪河发现水色异常，主要发生在夏秋季。三峡库区各支流无水华现象发生。

2.3.3 湖（库）

2.3.3.1 总体情况

2017 年，112 个重要湖（库）中，水质为优的湖（库）有 33 个，占 29.5%；水质良好的有 37 个，占 33.0%；轻度污染的有 22 个，占 19.6%；中度污染的有 8 个，占 7.1%；重度污染的有 12 个（艾比湖、程海、乌伦古湖和纳木错氟化物天然背景值较高，程海、色林错和羊卓雍错 pH 天然背景值较高），占 10.7%。主要超标指标为总磷、化学需氧量和高锰酸盐指数。

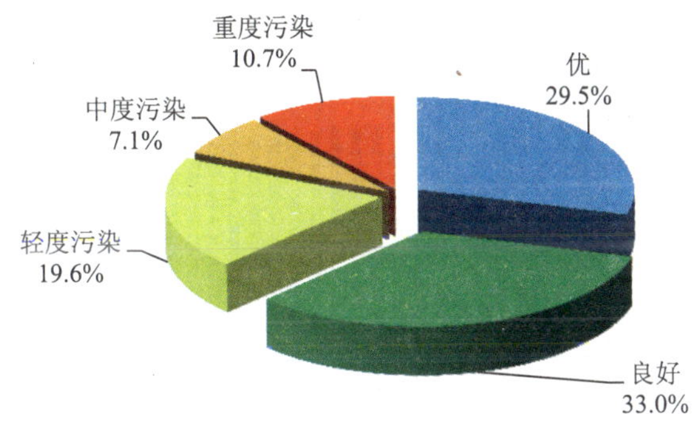

图 2.3-10 2017 年重要湖（库）水质状况

表 2.3-16 2017 年重要湖（库）水质状况

分类	个数	优	良好	轻度污染	中度污染	重度污染
三湖/个	3	0	0	1	1	1
重要湖泊/个	57	8	17	15	6	11
重要水库/个	52	25	20	6	1	0
总计/个	112	33	37	22	8	12
比例/%		29.5	33.0	19.6	7.1	10.7

注：三湖指太湖、巢湖和滇池。

109 个监测营养状态的湖（库）中，中度富营养状态的湖（库）有 4 个，占 3.7%；轻度富营养状态的有 29 个，占 26.6%；中营养状态的有 67 个，占 61.5%；贫营养状态的有 9 个，占 8.3%。

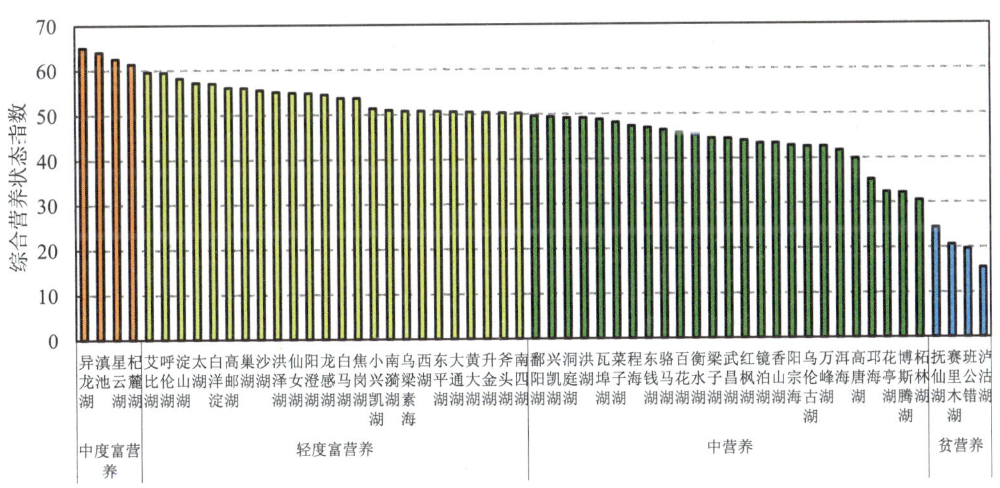

图 2.3-11 2017 年重要湖泊营养状态比较

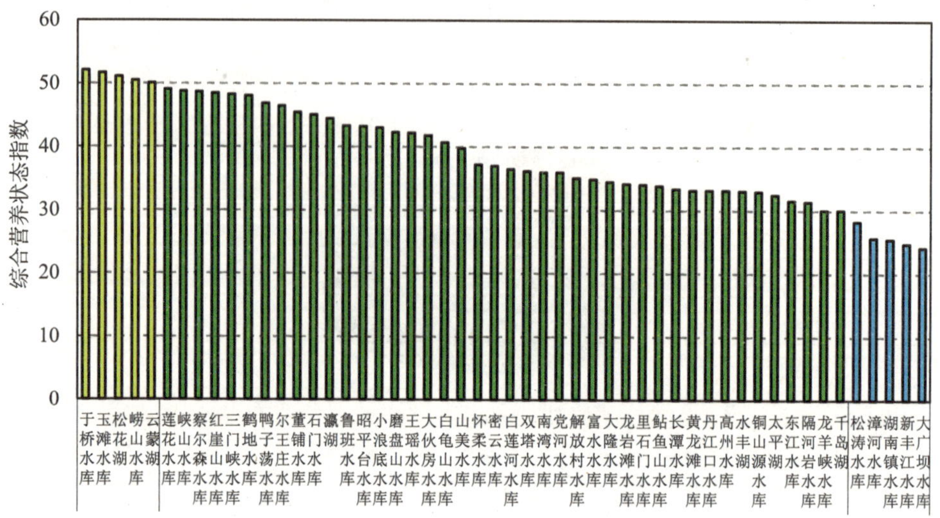

图 2.3-12　2017 年重要水库营养状态比较

2.3.3.2　重要湖泊

2017 年，除“三湖”外监测的其他 57 个重要湖泊中，11 个为重度污染，分别为异龙湖、星云湖、艾比湖、呼伦湖、乌梁素海、大通湖、程海、乌伦古湖、纳木错、色林错和羊卓雍错；6 个为中度污染，分别为杞麓湖、淀山湖、白洋淀、沙湖、洪泽湖和仙女湖；15 个为轻度污染，分别为高邮湖、阳澄湖、龙感湖、白马湖、小兴凯湖、东平湖、黄大湖、斧头湖、南四湖、鄱阳湖、兴凯湖、洞庭湖、洪湖、镜泊湖和博斯腾湖；17 个为水质良好，分别为焦岗湖、南漪湖、西湖、升金湖、瓦埠湖、菜子湖、东钱湖、骆马湖、百花湖、衡水湖、梁子湖、武昌湖、香山湖、阳宗海、万峰湖、洱海和柘林湖；8 个水质为优，分别为红枫湖、高唐湖、邛海、花亭湖、抚仙湖、赛里木湖、班公错和泸沽湖。

6 个湖泊总氮为劣Ⅴ类水质，分别为异龙湖、艾比湖、淀山湖、白洋淀、南漪湖和万峰湖总氮；5 个为Ⅴ类，分别为杞麓湖、洪泽湖、白马湖、洞庭湖和百花湖；16 个为Ⅳ类，分别为星云湖、呼伦湖、高邮湖、沙湖、仙女湖、阳澄湖、焦岗湖、乌梁素海、西湖、大通湖、鄱阳湖、骆马湖、衡水湖、武昌湖、红枫湖和高唐湖；其他湖泊水质达到Ⅲ类水质标准。

除“三湖”外的 54 个湖泊的营养状态评价结果表明，3 个湖泊为中度富营养，分别为异龙湖、星云湖和杞麓湖；22 个为轻度富营养，分别为艾比湖、呼伦湖、淀山湖、白洋淀、高邮湖、沙湖、洪泽湖、仙女湖、阳澄湖、龙感湖、白马湖、焦岗湖、小兴凯湖、南漪湖、乌梁素海、西湖、东平湖、大通湖、黄大湖、升金湖、斧头湖和南四湖；4 个为贫营养，分别为抚仙湖、赛里木湖、班公错和泸沽湖；其他湖泊为中营养。

（1）太湖

2017 年，太湖湖体为轻度污染，主要超标指标为总磷。其中，西部沿岸区为中度污染，北部沿岸区、湖心区和东部沿岸区为轻度污染。

表 2.3-17 2017 年太湖水质状况及营养状态

湖区	综合营养状态指数	营养状态	水质类别		主要超标指标（超标倍数）
			2017 年	2016 年	
北部沿岸区	56.1	轻度富营养	Ⅳ	Ⅳ	总磷（0.6）
西部沿岸区	62.2	中度富营养	Ⅴ	Ⅳ	总磷（1.8）
湖心区	56.3	轻度富营养	Ⅳ	Ⅳ	总磷（0.7）
东部沿岸区	53.4	轻度富营养	Ⅳ	Ⅲ	总磷（0.6）
全湖	57.2	轻度富营养	Ⅳ	Ⅳ	总磷（0.8）

全湖总氮为Ⅴ类。其中，西部沿岸区为劣Ⅴ类，北部沿岸区和湖心区为Ⅴ类，东部沿岸区为Ⅳ类。

全湖为轻度富营养状态。其中，西部沿岸区为中度富营养，北部沿岸区、湖心区和东部沿岸区为轻度富营养。

太湖主要环湖河流总体为轻度污染。39 条环湖河流的 55 个水质断面中，Ⅱ类 9 个，占 16.4%；Ⅲ类 30 个，占 54.5%；Ⅳ类 12 个，占 21.8%；Ⅴ类 4 个，占 7.3%；无Ⅰ类和劣Ⅴ类。与上年相比，Ⅱ类水质断面比例下降 5.4 个百分点，Ⅲ类上升 7.2 个百分点，Ⅳ类下降 3.7 个百分点，Ⅴ类上升 1.8 个百分点，其他类均持平。

太湖蓝藻水华监测与评价结果显示：2017 年 4—10 月，金墅港水华程度为“无明显水华”—“中度水华”，沙渚和渔洋山为“无明显水华”—“轻度水华”。与上年同期相比，水华程度均略有加重。太湖湖体藻类密度范围为 448 万～2 844 万个/L，根据全湖藻类密度平均值判断，水华程度为“轻微水华”—“轻度水华”。与上年相比，“轻微水华”出现频次比例下降 15.8 个百分点，“轻度水华”比例上升 15.3 个百分点，水华程度有所加重。根据卫星遥感监测到的水华面积判断，太湖水华规模为“未见明显水华”—“区域性水华”。与上年相比，水华规模略有加重。最大规模蓝藻水华出现在 5 月 6 日，面积约 924 km^2，占太湖水域面积的 38.5%。

（2）巢湖

2017 年，巢湖湖体为中度污染，主要超标指标为总磷。其中，西半湖为中度污染，东半湖为轻度污染。

表 2.3-18　2017 年巢湖水质状况及营养状态

湖区	综合营养状态指数	营养状态	水质类别		主要超标指标（超标倍数）
			2017 年	2016 年	
东半湖	54.5	轻度富营养	Ⅳ	Ⅳ	总磷（0.9）
西半湖	59.0	轻度富营养	Ⅴ	Ⅴ	总磷（2.2）
全湖	56.6	轻度富营养	Ⅴ	Ⅳ	总磷（1.4）

全湖总氮为Ⅴ类。其中，西半湖为劣Ⅴ类，东半湖为Ⅳ类。

全湖为轻度富营养状态。其中，东半湖和西半湖均为轻度富营养状态。

巢湖主要环湖河流总体为中度污染，主要超标指标为氨氮、总磷和五日生化需氧量。10 条河流的 14 个水质断面中，Ⅱ类 1 个，占 7.1%；Ⅲ类 9 个，占 64.3%；Ⅳ类 1 个，占 7.1%；劣Ⅴ类 3 个，占 21.4%；无Ⅰ类和Ⅴ类。与上年相比，Ⅳ类水质断面比例上升 7.1 个百分点，劣Ⅴ类下降 7.2 个百分点，其他类均持平。

巢湖蓝藻水华监测与评价结果显示：2017 年 4—10 月，藻类密度范围为 21 万～1 140 万个/L，根据全湖藻类密度平均值判断，水华程度为“无明显水华”—“轻度水华”。与上年同期相比，“无明显水华”频次比例上升 1.4 个百分点，“轻微水华”上升 2.2 个百分点，“轻度水华”下降 3.6 个百分点，水华程度无明显变化。根据卫星遥感监测到的水华面积判断，巢湖水华规模为“未见明显水华”—“区域性水华”。与上年同期相比，水华规模无明显变化。最大规模蓝藻水华出现在 8 月 25 日，面积约 87.5 km^2，占巢湖水域面积的 11.5%。

（3）滇池

2017 年，滇池湖体为重度污染，主要超标指标为化学需氧量、总磷和五日生化需氧量。其中，草海为中度污染，外海为重度污染。

表 2.3-19　2017 年滇池水质状况及营养状态

湖区	综合营养状态指数	营养状态	水质类别		主要超标指标（超标倍数）
			2017 年	2016 年	
草海	63.8	中度富营养	Ⅴ	Ⅴ	总磷（1.9）、BOD_5（0.6）、石油类（0.8）
外海	64.3	中度富营养	劣Ⅴ	Ⅴ	化学需氧量（1.2）、总磷（1.7）、BOD_5（0.03）
全湖	64.2	中度富营养	劣Ⅴ	Ⅴ	化学需氧量（1.0）、总磷（1.7）、BOD_5（0.1）

全湖总氮为劣Ⅴ类。其中，草海为劣Ⅴ类，外海为Ⅴ类。

全湖为中度富营养状态。其中，草海和外海均为中度富营养状态。

滇池主要环湖河流总体为轻度污染，主要超标指标为总磷、化学需氧量和氨氮。12 条河流的 12 个水质断面中，Ⅱ类 1 个，占 8.3%；Ⅲ类 3 个，占 25.0%；Ⅳ类 6 个，占 50.0%；

Ⅴ类 1 个，占 8.3%；劣Ⅴ类 1 个，占 8.3%；无Ⅰ类。与上年相比，Ⅲ类水质断面比例上升 8.3 个百分点，Ⅳ类下降 8.3 个百分点，Ⅴ类上升 8.3 个百分点，劣Ⅴ类下降 8.4 个百分点，其他类均持平。

滇池蓝藻水华监测与评价结果显示：2017 年 4—10 月，藻类密度范围为 4 354 万～20 717 万个/L。根据全湖藻类密度平均值判断，水华程度为“轻度水华”—“重度水华”。与上年同期相比，“轻度水华”和“中度水华”频次比例分别下降 10.3 个和 17.2 个百分点，“重度水华”上升 27.6 个百分点，水华程度有所加重。

2.3.3.3 重要水库

2017 年，监测的 52 个重要水库中，1 个水库水质为中度污染，6 个为轻度污染，20 个为良好，25 个为优。其中，莲花水库为中度污染，于桥水库、玉滩水库、松花湖、峡山水库、察尔森水库和鲁班水库为轻度污染，崂山水库、云蒙湖、红崖山水库、三门峡水库、鹤地水库、鸭子荡水库、尔王庄水库、石门水库、瀛湖、昭平台水库、小浪底水库、磨盘山水库、王瑶水库、白龟山水库、密云水库、南湾水库、富水水库、黄龙滩水库、水丰湖和东江水库水质良好，董铺水库、大伙房水库、山美水库、怀柔水库、白莲河水库、双塔水库、党河水库、解放村水库、大隆水库、龙岩滩水库、里石门水库、鲇鱼山水库、长潭水库、丹江口水库、高州水库、铜山源水库、太平湖、隔河岩水库、龙羊峡水库、千岛湖、松涛水库、漳河水库、湖南镇水库、新丰江水库和大广坝水库水质为优。

11 个水库总氮为劣 V 类水质，2 个为 V 类，12 个为 IV 类，其他水库达到 III 类水质标准；其中，玉滩水库、松花湖、崂山水库、云蒙湖、三门峡水库、鸭子荡水库、小浪底水库、大伙房水库、山美水库、水丰湖和隔河岩水库总氮为劣Ⅴ类水质，鹤地水库和龙岩滩水库为Ⅴ类，于桥水库、莲花水库、峡山水库、红崖山水库、石门水库、瀛湖、磨盘山水库、密云水库、南湾水库、解放村水库、黄龙滩水库和丹江口水库为Ⅳ类，其他水库水质满足Ⅲ类水质标准。

52 个水库的营养状态评价结果表明，5 个水库为轻度富营养，5 个水库为贫营养，42 个为中营养。其中于桥水库、玉滩水库、松花湖、崂山水库和云蒙湖为轻度富营养，松涛水库、漳河水库、湖南镇水库、新丰江水库和大广坝水库为贫营养，其他水库为中营养。

2.3.4 集中式饮用水水源

2017 年，全国 338 个地级及以上城市 898 个在用集中式生活饮用水水源监测断面（点位）中，地表水水源监测断面（点位）569 个（河流型 325 个、湖库型 244 个）、地下水水源监测点位 329 个。取水总量为 377.10 亿 t，其中达标（达到或优于Ⅲ类标准）水量为 365.97 亿 t，占取水总量的 97.0%，比上年下降 0.3 个百分点。

898 个水源监测断面（点位）中，全年均达标的水源有 813 个，达标率为 90.5%，比上年上升 0.1 个百分点。其中，地表水水源监测断面（点位）中有 533 个达标，占 93.7%；36 个存在不同程度超标，主要超标指标为硫酸盐、铁和总磷。地下水水源监测点位中有 280 个达标，占 85.1%；49 个存在不同程度超标，主要超标指标为锰、铁和氨氮。

338 个城市中，282 个城市的水源达标率为 100%，占 83.4%；11 个城市水源达标率在 80%～99%之间，占 3.3%；23 个城市水源达标率在 50%～79%之间，占 6.8%；5 个城市水源达标率在 1%～49%之间，占 1.5%；17 个城市水源达标率为 0%，占 5.0%。

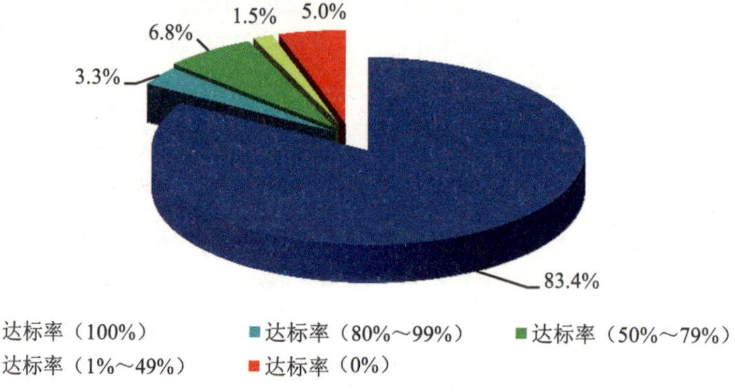

图 2.3-13　2017 年全国地级及以上城市集中式饮用水水源达标城市比例

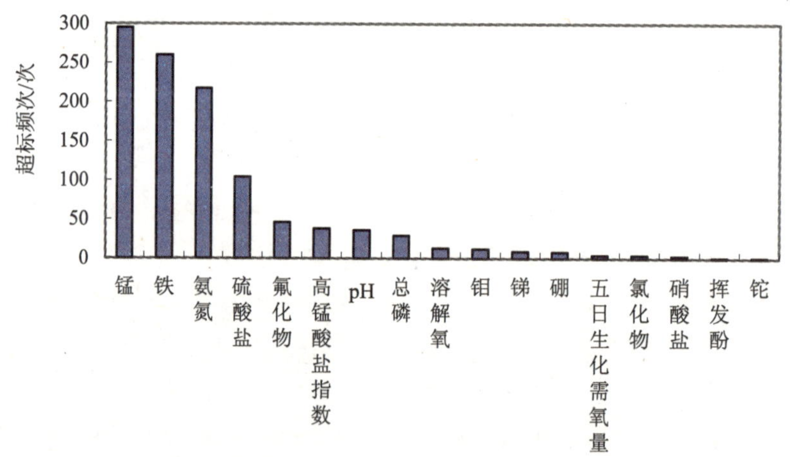

图 2.3-14　2017 年全国地级及以上城市集中式饮用水水源超标指标情况

2.3.5　生物试点监测

2017 年，生物试点监测结果表明，松花江流域为轻度污染，主要超标指标为化学需氧量、高锰酸盐指数和氨氮。松花江干流水质为优，主要支流为轻度污染。进行生境评价的 57 个断面中，32 个断面得分不低于 45 分（满分 60 分），生境条件相对变化不大，比较适合水生生物生长。

全流域共采集着生藻类和浮游植物样品 243 个，主要由硅藻门和绿藻门植物组成。共鉴定出着生藻类 167 个属，隶属于 8 个门类。其中，硅藻门有 81 个种属，占总数的 48.5%；绿藻门有 52 个属，占 31.1%；蓝藻门有 16 个属，占 9.6%；其他各门类共 18 个属，占 10.8%。硅藻门植物的优势地位显著，符合河流生态系统中着生藻类的分布特点。流域内总体物种丰富度较高，群落结构较为稳定。评价结果显示，大部分断面（点位）处于轻污染—中污染，河流干流的评价结果总体好于支流，丰水期与平水期变化趋势基本一致。

全流域共采集底栖动物样品 263 个，鉴定出 176 个属（种）。其中水生昆虫 EPT 物种 53 个属（种），占 30.1%；水生昆虫其他物种 71 个属（种），占 40.3%；软体动物 28 个属（种），占 15.7%；甲壳动物 7 个属（种），占 4.1%；环节动物 16 个属（种），占 9.2%；其他种类 1 个属（种），占 0.6%。水生昆虫为多数点位的优势类群，EPT 物种出现频率较高。综合评价显示：极清洁点位 5 个，占 6.9%，主要分布在背景断面和乌苏里江；清洁点位 37 个，占 51.4%，主要分布在松花江黑龙江省段及支流；轻污染点位 26 个，占 36.1%；中污染点位 4 个，占 5.6%。

共采集鱼类个体 152 条，制备鱼类样品 45 个。每个样品进行 7 个大项、55 个小项的分析。结果显示，鱼体内重金属（砷、镉、汞、铬、铅）、有机氯农药、多环芳烃、挥发性有机物和多氯联苯均有一定程度的检出，氯酚类物质未检出。现阶段，国内还没有完整的对于淡水水生生物中有毒物质浓度的评价标准，因此参考国内和国际相关标准《食品中污染物限量》（GB 2762—2012）、《无公害食品——水产品中有毒有害物质限量》（NY 5073—2006）及文献报道的量值进行评价，结果显示上述物质在鱼体内的含量均达标。

与上年相比，松花江干流松林断面物种均匀度有所下降，水质有恶化趋势。其他河流中，诺敏河和雅鲁河的巴林、成吉思汗、宝山和小二沟断面物种均匀度有所上升，水质有一定改善。底栖动物群落结构变化不大，个别点位优势种有一定变化；底栖动物评价结果显示 2017 年研究区域以清洁和轻污染为主，与上年相比，整体上保持较稳定状态，水体污染程度有小幅改善。鱼类结果显示砷污染情况较上年有明显改善，其他分析指标均保持稳定。

2.4 近岸海域

2.4.1 水质状况

2.4.1.1 全国

2017 年，按照点位代表面积计算，一类海水面积为 110 493 km^2，二类为 110 048 km^2，三类为 32 566 km^2，四类为 17 341 km^2，劣四类为 33 155 km^2。

按照监测点位计算，一类海水比例为 34.5%，比上年上升 2.1 个百分点；二类海水比例为 33.3%，比上年下降 7.7 个百分点；三类海水比例为 10.1%，比上年下降 0.2 个百分点；四类海水比例为 6.5%，比上年上升 3.4 个百分点；劣四类海水比例为 15.6%，比上年上升 2.4 个百分点。主要超标指标为无机氮和活性磷酸盐，部分海域 pH、石油类、粪大肠菌群、化学需氧量、铜、非离子氨、大肠菌群和挥发性酚有超标现象。

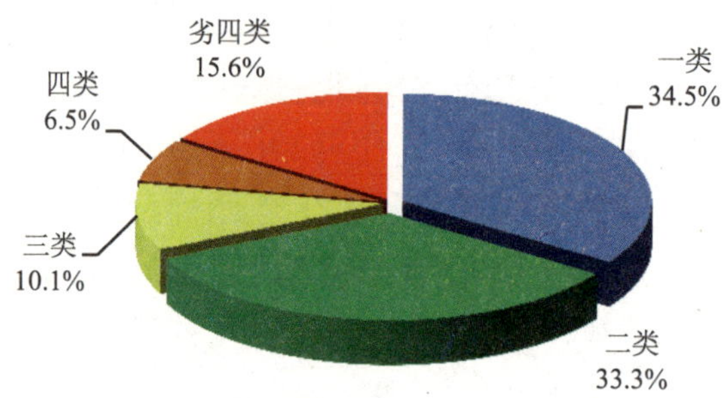

图 2.4-1　2017 年全国近岸海域水质类别比例

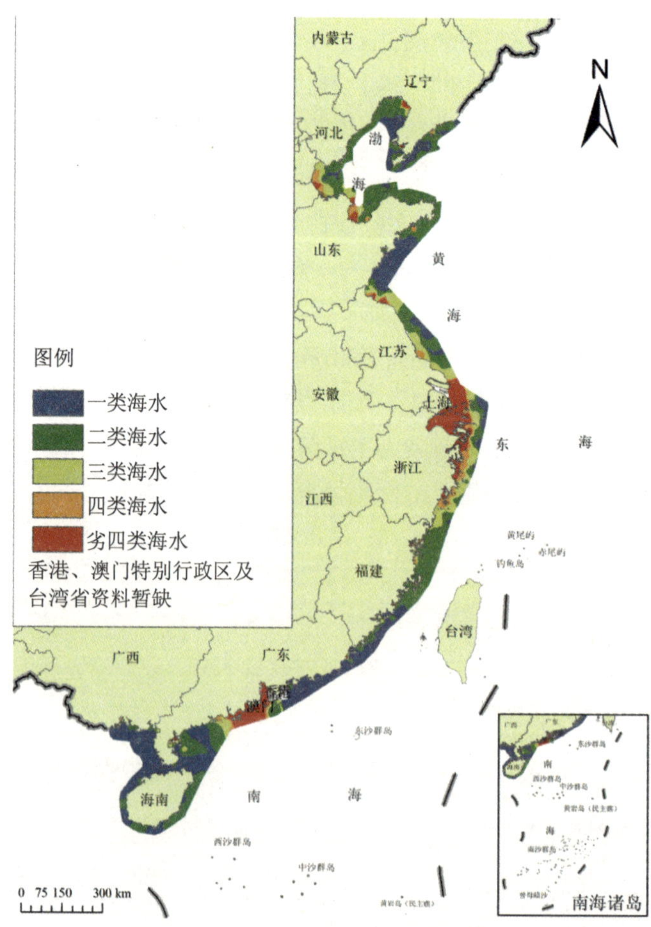

图 2.4-2　2017 年全国近岸海域水质分布示意

2.4.1.2　四大海区

渤海近岸海域水质一般。一类海水比例为 19.8%，比上年下降 8.6 个百分点；二类海水比例为 48.1%，比上年上升 3.7 个百分点；三类海水比例为 14.8%，比上年下降 2.5 个百分点；四类海水比例为 7.4%，比上年上升 2.5 个百分点；劣四类海水比例为 9.9%，比上年上升 5.0 个百分点。主要超标指标为无机氮和石油类。

黄海近岸海域水质良好。一类海水比例为 37.4%，比上年下降 1.1 个百分点；二类海水比例为 45.1%，比上年下降 5.4 个百分点；三类海水比例为 9.9%，比上年上升 5.5 个百分点；四类海水比例为 5.5%，与上年持平；劣四类海水比例为 2.2%，比上年上升 1.1 个百分点。主要超标指标为无机氮。

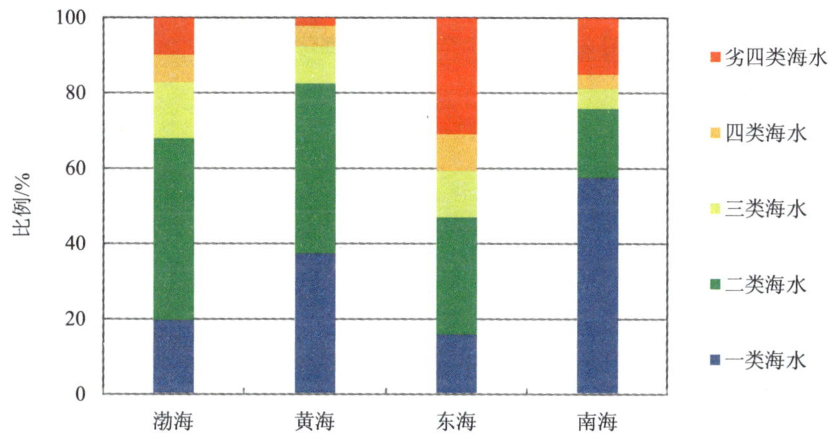

图 2.4-3　2017 年四大海区近岸海域水质状况

东海近岸海域水质差。一类海水比例为 15.9%，比上年上升 3.5 个百分点；二类海水比例为 31.0%，比上年下降 0.9 个百分点；三类海水比例为 12.4%，比上年下降 2.6 个百分点；四类海水比例为 9.7%，比上年上升 6.2 个百分点；劣四类海水比例为 31.0%，比上年下降 6.2 个百分点。主要超标指标为无机氮和活性磷酸盐。

南海近岸海域水质一般。一类海水比例为 57.6%，比上年上升 9.9 个百分点；二类海水比例为 18.2%，比上年下降 22.0 个百分点；三类海水比例为 5.3%，比上年下降 0.8 个百分点；四类海水比例为 3.8%，比上年上升 3.8 个百分点；劣四类海水比例为 15.2%，比上年上升 9.1 个百分点。主要超标指标为无机氮、pH 和活性磷酸盐。

2.4.1.3　重要河口海湾

9 个重要河口海湾中，北部湾和胶州湾水质良好，辽东湾水质一般，闽江口、渤海湾和黄河口水质差，珠江口、长江口和杭州湾水质极差。

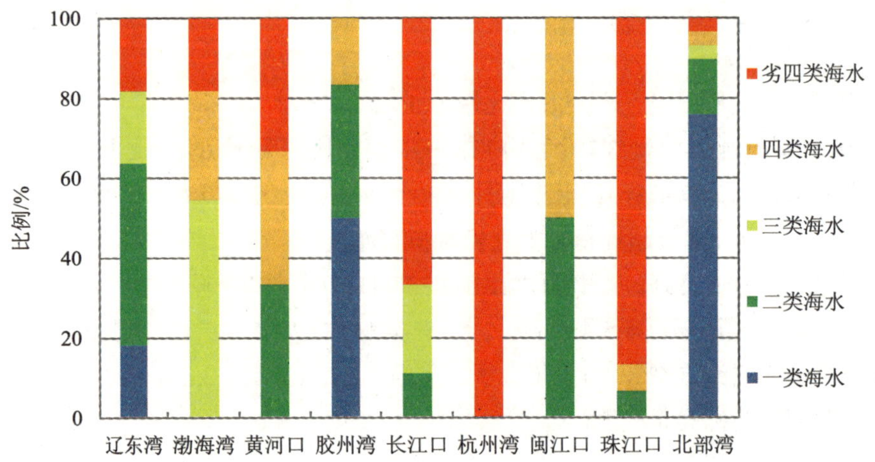

图 2.4-4　2017 年重要河口海湾水质状况

2.4.1.4　沿海省份

沿海省份中，广西和海南水质优，福建、辽宁和山东水质良好，河北水质一般，广东、江苏和天津水质差，上海和浙江水质极差。

辽宁近岸海域水质良好。一类海水比例为 41.7%，比上年上升 6.7 个百分点；二类海水比例为 48.3%，与上年持平；三类海水比例为 3.3%，比上年下降 3.4 个百分点；四类海水比例为 1.7%，比上年下降 5.0 个百分点；劣四类海水比例为 5.0%，比上年上升 1.7 个百分点。

河北近岸海域水质一般。一类海水比例为 0%，比上年下降 23.1 个百分点；二类海水比例为 76.9%，比上年上升 23.1 个百分点；三类海水比例为 0%，四类海水比例为 7.7%，劣四类海水比例为 15.4%，均与上年持平。主要超标指标为无机氮。

天津近岸海域水质差。一类海水比例为 8.3%，比上年上升 8.3 个百分点；二类海水比例为 16.7%，比上年下降 16.6 个百分点；三类海水比例为 50.0%，比上年下降 16.7 个百分点；四类海水比例为 25.0%，比上年上升 25.0 个百分点；劣四类海水比例为 0%，与上年持平。主要超标指标为无机氮和石油类。

山东近岸海域水质良好。一类海水比例为 32.3%，比上年下降 13.9 个百分点；二类海水比例为 49.2%，比上年上升 1.5 个百分点；三类海水比例为 7.7%，比上年上升 3.1 个百分点；四类海水比例为 6.2%，比上年上升 4.7 个百分点；劣四类海水比例为 4.6%，比上年上升 4.6 个百分点。主要超标指标为无机氮。

江苏近岸海域水质差。一类海水比例为 13.6%，比上年下降 4.6 个百分点；二类海水比例为 31.8%，比上年下降 18.2 个百分点；三类海水比例为 36.4%，比上年上升 22.8 个百分点；四类海水比例为 9.1%，比上年下降 4.5 个百分点；劣四类海水比例为 9.1%，比上年上升 4.6 个百分点。主要超标指标为无机氮。

上海近岸海域水质极差。一类海水比例为 0%，与上年持平；二类海水比例为 10.0%，比上年上升 10.0 个百分点；三类海水比例为 20.0%，比上年下降 10.0 个百分点；四类海水比例为 0%，劣四类海水比例为 70.0%，均与上年持平。主要超标指标为无机氮和活性磷酸盐。

浙江近岸海域水质极差。一类海水比例为 10.7%，比上年上升 1.8 个百分点；二类海水比例为 12.5%，比上年下降 7.1 个百分点；三类海水比例为 17.9%，比上年上升 5.4 个百分点；四类海水比例为 14.3%，比上年上升 8.9 个百分点；劣四类海水比例为 44.6%，比上年下降 9.0 个百分点。主要超标指标为无机氮和活性磷酸盐。

福建近岸海域水质良好。一类海水比例为 25.5%，比上年上升 6.4 个百分点；二类海水比例为 57.4%，比上年上升 4.2 个百分点；三类海水比例为 4.3%，比上年下降 10.6 个百分点；四类海水比例为 6.4%，比上年上升 4.3 个百分点；劣四类海水比例为 6.4%，比上年下降 4.2 个百分点。主要超标指标为无机氮。

广东近岸海域水质差。一类海水比例为 46.5%，比上年上升 29.6 个百分点；二类海水比例为 11.3%，比上年下降 50.7 个百分点；三类海水比例为 9.9%，比上年下降 1.4 个百分点；四类海水比例为 5.6%，比上年上升 5.6 个百分点；劣四类海水比例为 26.8%，比上年上升 16.9 个百分点。主要超标指标为无机氮和 pH。

广西近岸海域水质优。一类海水比例为 73.9%，比上年下降 17.4 个百分点；二类海水比例为 17.4%，比上年上升 13.1 个百分点；三类海水比例为 0%，与上年持平；四类海水比例为 4.3%，比上年上升 4.3 个百分点；劣四类海水比例为 4.3%，与上年持平。

海南近岸海域水质优。一类海水比例为 68.4%，比上年下降 10.5 个百分点；二类海水比例为 31.6%，比上年上升 10.5 个百分点；三类、四类和劣四类海水比例均为 0%，均与上年持平。

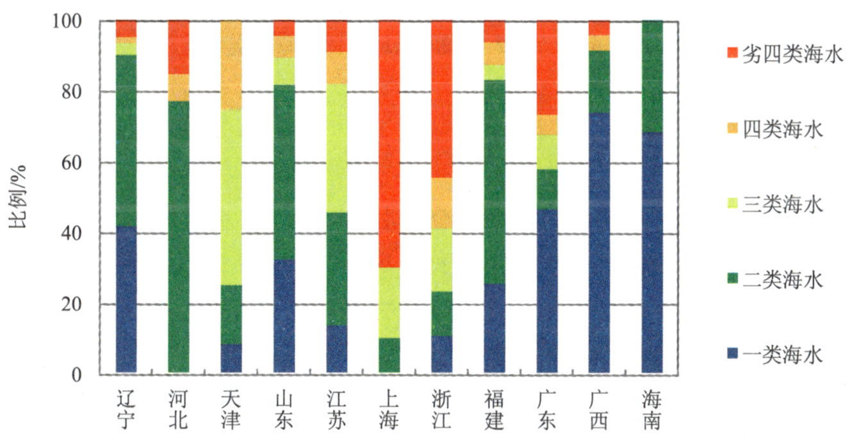

图 2.4-5　2017 年沿海省份近岸海域水质状况

2.4.1.5 沿海城市

全国 61 个沿海城市中，14 个城市近岸海域水质优，分别为青岛、潮州、揭阳、茂名、汕尾、北海、昌江、澄迈、东方、海口、乐东、临高、三亚和三沙；20 个城市近岸海域水质良好，分别为大连、丹东、葫芦岛、锦州、秦皇岛、唐山、日照、威海、烟台、福州、莆田、泉州、漳州、防城港、儋州、陵水、琼海、万宁、文昌和洋浦；6 个城市近岸海域水质一般，分别为滨州、厦门、惠州、汕头、湛江和钦州；11 个城市近岸海域水质差，分别为盘锦、营口、天津、东营、连云港、南通、盐城、台州、温州、宁德和阳江；10 个城市近岸海域水质极差，分别为沧州、潍坊、上海、嘉兴、宁波、舟山、江门、深圳、中山和珠海。

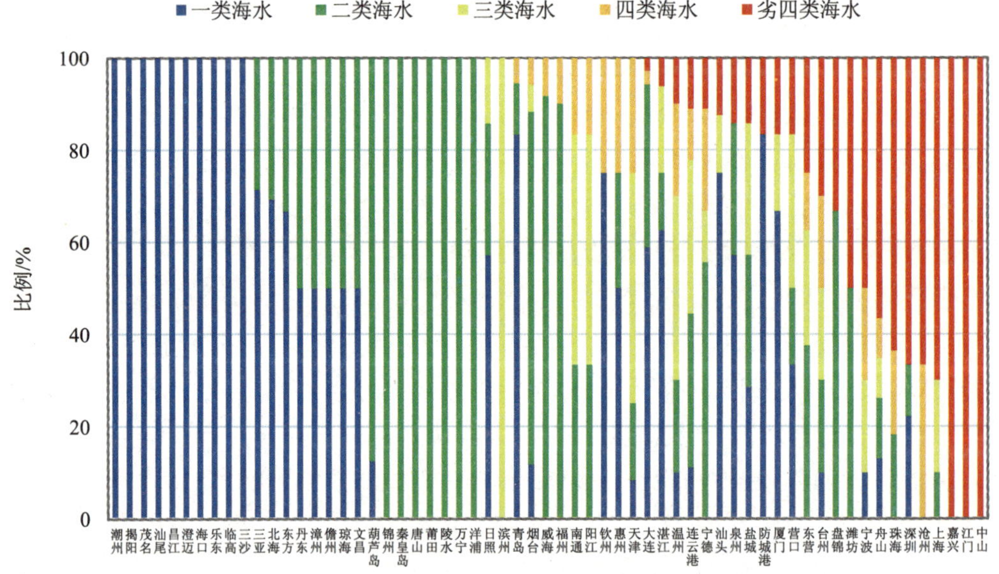

图 2.4-6 2017 年沿海城市近岸海域水质状况

2.4.1.6 海水浴场

2017 年 6—9 月，27 个海水浴场 367 个次水质监测中，水质优的个次占 40.1%，比上年下降 3.5 个百分点；水质良的个次占 45.2%，比上年下降 2.5 个百分点；水质一般的个次占 12.0%，比上年上升 4.8 个百分点；水质差的个次占 2.7%，比上年上升 1.1 个百分点。主要超标指标为粪大肠菌群。

威海国际海水浴场和三亚亚龙湾浴场水质均为优，大连傅家庄浴场、深圳大小梅沙海滨浴场和北海银滩公园浴场出现过水质差的情况。

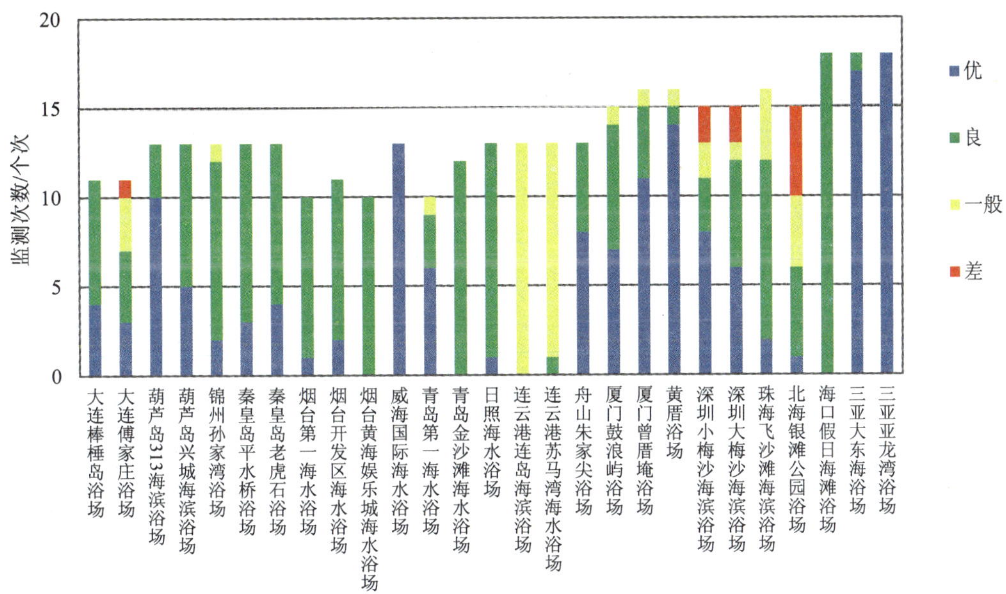

图 2.4-7 2017 年部分沿海城市海水浴场水质状况

2.4.2 超标指标

2017 年，全国近岸海域主要超标指标为无机氮和活性磷酸盐，部分海域 pH、石油类、粪大肠菌群、化学需氧量、铜、非离子氨、大肠菌群和挥发性酚有超标现象。

四大海区近岸海域中，渤海主要超标指标为无机氮和石油类，黄海主要超标指标为无机氮，东海主要超标指标为无机氮和活性磷酸盐，南海主要超标指标为无机氮、pH 和活性磷酸盐。

表 2.4-1 2017 年全国近岸海域水质指标超标情况

海区	主要超标指标（点位超标率/%）	其他超标指标（点位超标率/%）
全国	无机氮（30.2）、活性磷酸盐（7.0）	pH（2.6）、石油类（1.4）、粪大肠菌群（1.0）、铜（0.7）、化学需氧量（0.5）、挥发性酚（0.5）、大肠菌群（0.4）、非离子氨（0.2）
渤海	无机氮（28.4）、石油类（6.2）	挥发性酚（2.5）、活性磷酸盐（1.2）、粪大肠菌群（1.2）
黄海	无机氮（15.4）	pH（2.2）、粪大肠菌群（2.2）、活性磷酸盐（1.1）
东海	无机氮（53.1）、活性磷酸盐（15.9）	大肠菌群（2.2）、化学需氧量（1.8）、粪大肠菌群（0.9）
南海	无机氮（22.0）、pH（6.8）、活性磷酸盐（6.8）	铜（2.3）、石油类（0.8）、非离子氨（0.8）

2.4.2.1 主要超标指标

（1）无机氮

无机氮是全国近岸海域最主要的超标指标，点位超标率为 30.2%；测值浓度范围为 0.002～2.855 mg/L，平均浓度为 0.299 mg/L，与上年相比，平均浓度和点位超标率均有所上升。超标区域主要集中在辽东湾、渤海湾、莱州湾、长江口、珠江口以及江苏、浙江部分近岸海域，最高值出现在深圳近岸海域，超过海水水质标准二类限值 18.5 倍。

四大海区中，东海近岸海域无机氮平均浓度和点位超标率均最高，平均浓度为 0.427 mg/L，点位超标率为 53.1%；渤海近岸海域无机氮平均浓度为 0.252 mg/L，点位超标率为 28.4%；黄海近岸海域无机氮平均浓度为 0.172 mg/L，点位超标率为 15.4%；南海近岸海域无机氮平均浓度为 0.305 mg/L，点位超标率为 22.0%。

沿海各省份中，上海近岸海域无机氮平均浓度和点位超标率均最高，平均浓度为 0.891 mg/L，点位超标率为 90.0%；天津、江苏和浙江近岸海域无机氮点位超标率较高，超过 50%；辽宁、河北、山东、福建和广东近岸海域无机氮点位超标率在 10%～50%；广西和海南近岸海域无机氮点位超标率低于 10%。

沿海各城市中，沧州、滨州、嘉兴、中山和江门近岸海域无机氮点位超标率最高，为 100%；潍坊、营口、连云港、南通、深圳、阳江、台州、温州、舟山、天津、珠海、宁波和上海近岸海域无机氮点位超标率较高，超过 50%；福州、湛江、泉州、日照、惠州、钦州、汕头、盘锦、厦门、东营、盐城和宁德近岸海域无机氮点位超标率在 10%～50%；青岛、大连和烟台近岸海域无机氮点位超标率低于 10%；其他沿海城市近岸海域未出现无机氮超标。

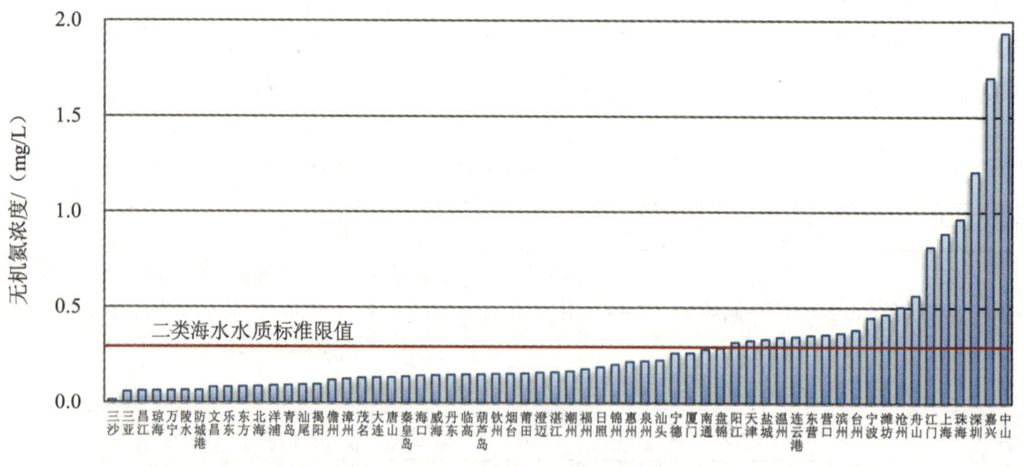

图 2.4-8　2017 年全国沿海城市近岸海域海水无机氮浓度

（2）活性磷酸盐

活性磷酸盐点位超标率为 7.0%，测值浓度范围为未检出～0.160 mg/L，平均浓度为 0.012 1 mg/L，与上年相比，平均浓度和点位超标率均有所下降。超标区域主要集中在长江口、珠江口以及江苏、浙江部分近岸海域，最高值出现在深圳近岸海域，超过海水水质标准二类限值 5.7 倍。

四大海区中，东海近岸海域活性磷酸盐平均浓度和点位超标率均最高，平均浓度为 0.019 3 mg/L，点位超标率为 15.9%；渤海近岸海域活性磷酸盐平均浓度为 0.010 1 mg/L，点位超标率为 1.2%；黄海近岸海域活性磷酸盐平均浓度为 0.008 5 mg/L，点位超标率为 1.1%；南海近岸海域活性磷酸盐平均浓度为 0.009 5 mg/L，点位超标率为 6.8%。

沿海各省份中，上海近岸海域活性磷酸盐平均浓度和点位超标率均最高，平均浓度为 0.027 1 mg/L，点位超标率为 40.0%；浙江近岸海域活性磷酸盐点位超标率为 17.9%；福建、广东、广西、辽宁和山东点位超标率低于 10%；江苏、河北、海南和天津近岸海域未出现活性磷酸盐超标。

沿海各城市中，深圳和嘉兴近岸海域活性磷酸盐点位超标率较高，超过 50%；宁波、汕头、泉州、防城港、营口、钦州、舟山、宁德和上海近岸海域活性磷酸盐点位超标率在 10%～50%；青岛和湛江近岸海域活性磷酸盐点位超标率低于 10%；其他沿海城市近岸海域未出现活性磷酸盐超标。

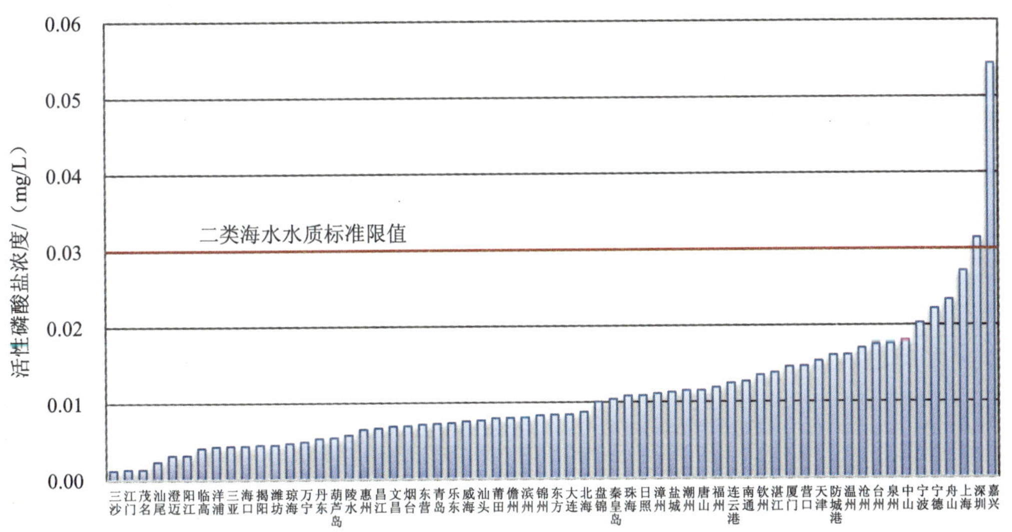

图 2.4-9　2017 年全国沿海城市近岸海域海水活性磷酸盐浓度

2.4.2.2 其他超标指标

pH。全国近岸海域 pH 点位超标率为 2.6%。按样品统计，测值范围为 7.11～8.89，平均为 8.10。连云港、深圳、盐城、阳江、中山和珠海 pH 出现超标，点位超标率为 9.1%～100%。

石油类。全国近岸海域石油类点位超标率为 1.4%。按样品统计，测值范围为未检出～0.381 mg/L，平均浓度为 0.014 mg/L。东营、深圳和天津石油类出现超标，点位超标率为 11.1%～25.0%。

粪大肠菌群。全国近岸海域粪大肠菌群点位超标率为 1.0%。按样品统计，测值范围为未检出～60 000 个/L，平均为 122 个/L。大连、泉州、威海和烟台粪大肠菌群出现超标，点位超标率为 2.9%～14.3%。

铜。全国近岸海域铜点位超标率为 0.7%。按样品统计，测值范围为未检出～0.028 8 mg/L，平均浓度为 0.001 91 mg/L。江门和湛江近岸海域铜出现超标，点位超标率分别为 33.3%和 12.5%。

化学需氧量。全国近岸海域化学需氧量点位超标率为 0.5%。按样品统计，测值范围为未检出～7.82 mg/L，平均浓度为 0.97 mg/L。嘉兴和舟山近岸海域化学需氧量出现超标，点位超标率分别为 33.3%和 4.3%。

挥发性酚。全国近岸海域挥发性酚点位超标率为 0.5%。按样品统计，测值范围为未检出～0.005 9 mg/L，平均浓度为 0.001 mg/L。东营近岸海域挥发性酚出现超标，点位超标率为 25.0%。

大肠菌群。全国近岸海域大肠菌群点位超标率为 0.4%。按样品统计，测值范围为未检出～90 000 个/L，平均为 776 个/L。泉州近岸海域大肠菌群出现超标，点位超标率为 14.3%。

非离子氨。全国近岸海域非离子氨点位超标率为 0.2%。按样品统计，测值范围为未检出～0.049 6 mg/L，平均浓度为 0.002 mg/L。深圳近岸海域非离子氨出现超标，点位超标率为 11.1%。

2.4.3 直排海污染源

2.4.3.1 直排海污染源排放情况

2017 年，404 个直排海污染源废水排放总量约为 636 042 万 t。不同类型污染源中，综合污染源排放废水量最多，其次为工业污染源，生活污染源排放量最少。各项主要污染物中，综合污染源排放量均最多。

表 2.4-2 2017 年各类直排海污染源排放情况

污染源类型	排口数/个	废水量/万 t	化学需氧量/t	石油类/t	氨氮/t	总氮/t	总磷/t	六价铬/kg	铅/kg	汞/kg	镉/kg
工业	150	162 033	21 168	153.0	711	3 594	120	360.96	469.54	1.78	8.97
生活	59	73 385	24 081	290.0	1 946	7 058	385	130.33	422.94	5.86	18.10
综合	195	400 624	127 165	463.3	8 102	45 973	1 664	1 843.52	2 965.26	235.72	516.33
合计	404	636 042	172 414	906.3	10 759	56 625	2 169	2 334.81	3 857.74	243.36	543.40

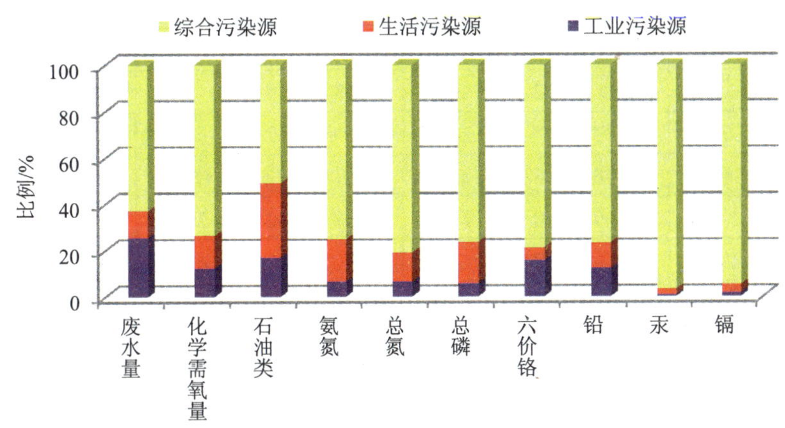

图 2.4-10 2017 年各类直排海污染源主要污染物排放情况

2.4.3.2 污染物排入四大海区情况

四大海区中，东海废水排放量最多，渤海废水排放量最少。各项主要污染物中，东海排放量均最大。

表 2.4-3 2017 年四大海区直排海污染源排放情况

海区	排口数/个	废水量/万 t	化学需氧量/t	石油类/t	氨氮/t	总氮/t	总磷/t	六价铬/kg	铅/kg	汞/kg	镉/kg
渤海	49	23 595	6 981	12.7	2 548	4 327	190	242.58	388.03	12.09	5.27
黄海	70	112 623	38 483	314.7	2 524	9 928	467	244.51	158.16	98.73	95.64
东海	154	387 990	99 842	430.8	3 843	31 975	884	1 757.28	1 400.94	106.69	320.29
南海	131	111 834	27 108	148.1	1 844	10 395	627	90.44	1 910.61	25.85	122.20

2.4.3.3 各省直排海污染源排放情况

沿海各省（区、市）中，浙江废水排放量最大，其次是福建；浙江化学需氧量排放量最大，其次是辽宁和山东。

表 2.4-4 2017 年沿海省（区、市）直排海污染源排放情况

省份	排口数/个	废水量/万 t	化学需氧量/t	石油类/t	氨氮/t	总氮/t	总磷/t	六价铬/kg	铅/kg	汞/kg	镉/kg
辽宁	34	52 534	19 742	278.4	3 282	6 209	264	138.36	30.25	31.06	—
河北	5	7 123	1 884	—	619	903	133	71.90	3.60	—	0.24
天津	18	7 037	2 213	3.5	201	577	26	—	11.31	1.71	4.21
山东	47	64 771	19 637	36.5	860	6 106	203	157.61	389.26	64.88	66.14
江苏	15	4 752	1 989	8.9	111	460	32	119.22	111.78	13.18	30.31
上海	10	24 598	6 269	72.7	322	2 513	131	—	126.09	26.49	14.47
浙江	85	206 877	74 702	271.1	2 585	23 480	524	1 589.81	1 139.11	28.32	289.14
福建	59	156 516	18 870	86.9	936	5 981	229	167.47	135.74	51.88	16.68
广东	66	71 487	14 529	70.9	1 014	6 008	328	22.87	201.55	14.48	3.97
广西	38	11 901	5 043	12.9	289	1 630	205	67.58	1 664.84	9.74	117.70
海南	27	28 446	7 537	64.3	541	2 757	93	—	44.22	1.63	0.53

2.4.4 入海河流

2.4.4.1 水质

2017 年，全国 195 个入海河流监测断面中，无 I 类水质断面；II 类 27 个，占 13.8%；III类 66 个，占 33.8%；IV类 48 个，占 24.6%；V 类 13 个，占 6.7%；劣 V 类 41 个，占 21.0%。主要超标指标为化学需氧量、总磷和高锰酸盐指数。

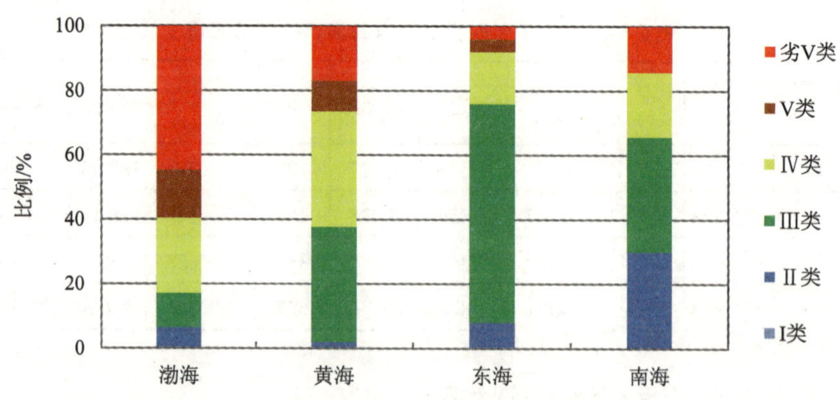

图 2.4-11 2017 年四大海区入海河流水质类别比例

2.4.4.2 超标指标

2017 年，全国入海河流中，化学需氧量断面超标率最高，为 40.0%；测值质量浓度为未检出～226 mg/L，平均浓度为 21.2 mg/L。总磷断面超标率为 33.8%；测值质量浓度为未检出～3.93 mg/L，平均浓度为 0.24 mg/L。高锰酸盐指数断面超标率为 31.3%；测值质量浓度为 0.71～26.3 mg/L，平均浓度为 5.4 mg/L。五日生化需氧量断面超标率为 30.3%；测值质量浓度为未检出～32.1 mg/L，平均浓度为 3.4 mg/L。氨氮断面超标率为 29.7%；测值质量浓度为未检出～23.2 mg/L，平均浓度为 1.1 mg/L。石油类断面超标率为 10.8%；测值质量浓度为未检出～0.95 mg/L，平均浓度为 0.026 mg/L。

表 2.4-5 2017 年入海河流监测断面水质超标指标

海区	超标率＞30%	30%≥超标率≥10%	超标率＜10%
全国	化学需氧量（40.0%）、总磷（33.8%）、高锰酸盐指数（31.3%）、五日生化需氧量（30.3%）	氨氮（29.7%）、石油类（10.8%）	氟化物（7.2%）、溶解氧（6.2%）、挥发酚（5.1%）、阴离子表面活性剂（3.1%）、汞（1.0%）
渤海	化学需氧量（72.3%）、高锰酸盐指数（63.8%）、五日生化需氧量（61.7%）、总磷（53.2%）、氨氮（51.1%）	石油类（21.3%）、氟化物（17.0%）、阴离子表面活性剂（12.8%）	挥发酚（8.5%）、溶解氧（2.1%）、汞（2.1%）
黄海	化学需氧量（50.9%）、高锰酸盐指数（39.6%）、总磷（37.7%）、五日生化需氧量（35.8%）	氨氮（28.3%）、石油类（20.8%）、氟化物（11.3%）	溶解氧（5.7%）
东海	—	化学需氧量（16.0%）、总磷（16.0%）	五日生化需氧量（8.0%）、高锰酸盐指数（8.0%）、氨氮（8.0%）
南海	—	总磷（24.3%）、氨氮（24.3%）、化学需氧量（18.6%）、五日生化需氧量（12.9%）、高锰酸盐指数（11.4%）	溶解氧（8.6%）、石油类（1.4%）、挥发酚（1.4%）

2.5 城市声环境质量

2.5.1 城市区域声环境质量

2.5.1.1 全国

2017 年，全国城市昼间区域声环境质量平均值为 53.9 dB（A）。昼间区域声环境质量达到一级的城市有 19 个，占 5.9%；二级的城市有 210 个，占 65.0%；三级的城市有 90 个，占 27.9%；四级的城市有 3 个，占 0.9%；五级的城市有 1 个，占 0.3%。

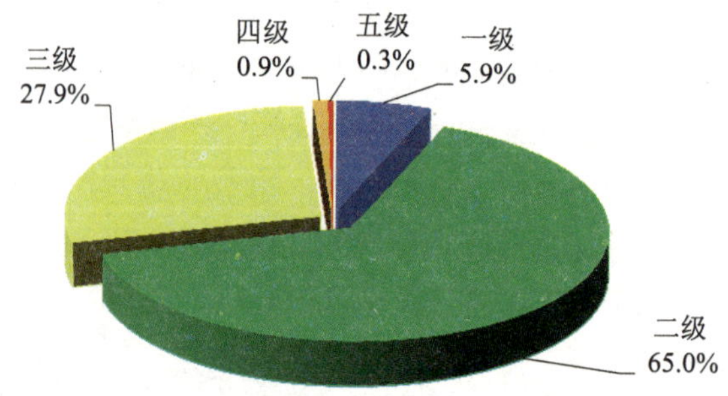

图 2.5-1　2017 年全国城市区域声环境质量（昼间）比例

表 2.5-1　2017 年全国城市区域声环境质量（昼间）年际比较

年份	监测城市数/个	城市比例/%				
		一级	二级	三级	四级	五级
2017	323	5.9	65.0	27.9	0.9	0.3
2016	322	5.0	68.3	26.1	0.6	0.0
年际变化	1	0.9	−3.3	1.8	0.3	0.3

与上年相比，报送区域声环境质量监测数据的城市总数增加 1 个。区域声环境质量为一级的城市比例上升 0.9 个百分点，二级的城市比例下降 3.3 个百分点，三级的城市比例上升 1.8 个百分点，四级的城市比例上升 0.3 个百分点，五级的城市比例上升 0.3 个百分点。

2.5.1.2　直辖市和省会城市

2017 年，31 个直辖市和省会城市昼间声环境质量平均值为 54.7 dB（A）。其中，区域声环境质量达到一级的城市有 1 个，占 3.2%；二级的城市有 18 个，占 58.1%；三级的城市有 12 个，占 38.7%。直辖市和省会城市区域声环境质量总体处于二级和三级水平。

表 2.5-2　2017 年直辖市和省会城市区域声环境质量（昼间）年际比较

年份	监测城市数/个	城市比例/%				
		一级	二级	三级	四级	五级
2017	31	3.2	58.1	38.7	0	0
2016	31	3.2	64.5	32.3	0	0
年际变化	0	0	−6.4	6.4	0	0

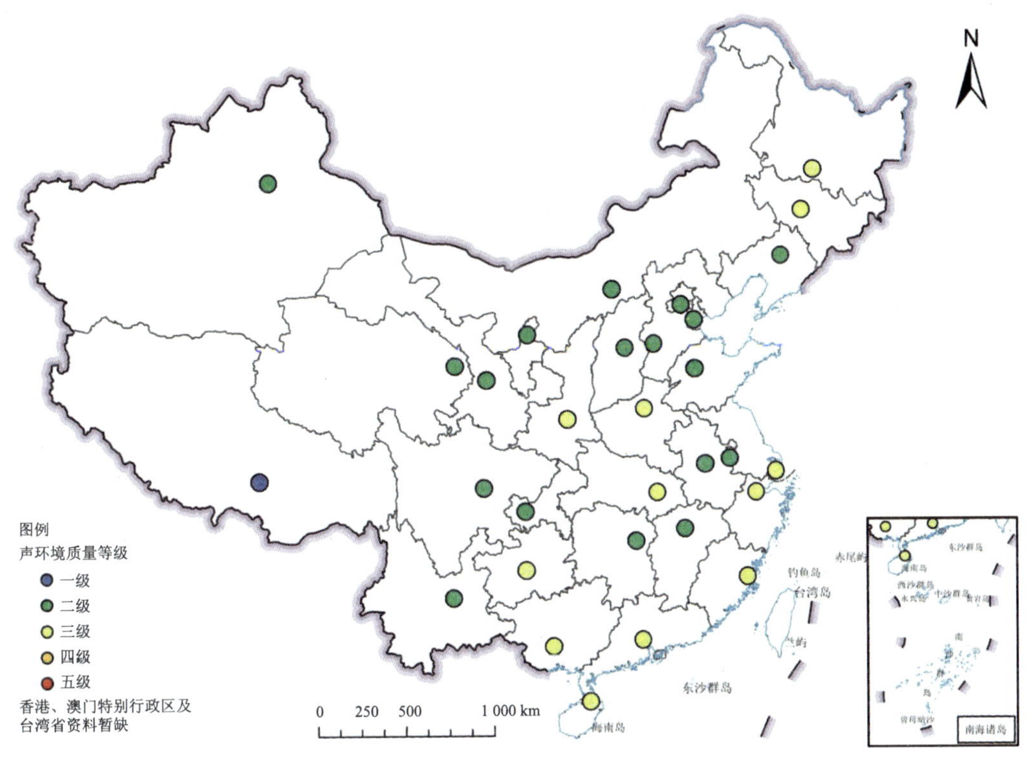

图 2.5-2 2017 年直辖市和省会城市区域声环境质量（昼间）等级分布示意

与上年相比，直辖市和省会城市区域声环境质量为一级、四级、五级的城市比例持平，二级的城市比例下降 6.4 个百分点，三级的城市比例上升 6.4 个百分点。

2.5.2 城市道路交通声环境质量

2.5.2.1 全国

2017 年，全国城市昼间道路交通噪声平均值为 67.1 dB（A）。道路交通噪声强度评价为一级的城市有 213 个，占 65.7%；二级的城市有 90 个，占 27.8%；三级的城市有 19 个，占 5.9%；四级的城市有 1 个，占 0.3%；五级的城市有 1 个，占 0.3%。

与上年相比，报送道路交通噪声监测数据的城市总数增加 4 个。道路交通噪声强度评价为一级的城市比例下降 3.2 个百分点；二级的城市比例上升 1.7 个百分点；三级的城市比例上升 2.5 个百分点；四级的城市比例下降 1.3 个百分点；五级的城市比例上升 0.3 个百分点。

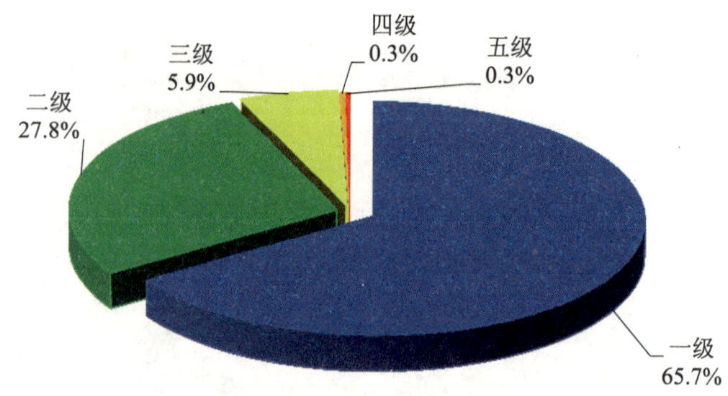

图 2.5-3　2017 年全国城市道路交通噪声强度（昼间）比例

表 2.5-3　2017 年全国城市道路交通噪声强度分布年际比较

年度	监测城市数/个	城市比例/%				
		一级	二级	三级	四级	五级
2017	324	65.7	27.8	5.9	0.3	0.3
2016	320	68.9	26.1	3.4	1.6	0
年际变化	4	−3.2	1.7	2.5	−1.3	0.3

2.5.2.2　直辖市和省会城市

2017 年，31 个直辖市和省会城市道路交通噪声昼间平均等效声级为 68.9 dB（A）。道路交通噪声强度评价为一级的城市有 11 个，占 35.5%；二级的城市有 16 个，占 51.6%；三级的城市有 3 个，占 9.7%，四级的城市有 1 个，占 3.2%。

与上年相比，直辖市和省会城市道路交通噪声强度为一级的城市比例下降 9.7 个百分点；二级的城市比例上升 6.4 个百分点；三级的城市比例上升 3.2 个百分点，四级、五级的城市比例持平。

表 2.5-4　2017 年直辖市和省会城市道路交通噪声强度分布年际比较

年度	监测城市数/个	城市比例/%				
		一级	二级	三级	四级	五级
2017	31	35.5	51.6	9.7	3.2	0
2016	31	45.2	45.2	6.5	3.2	0
年际变化	0	−9.7	6.4	3.2	0.0	0

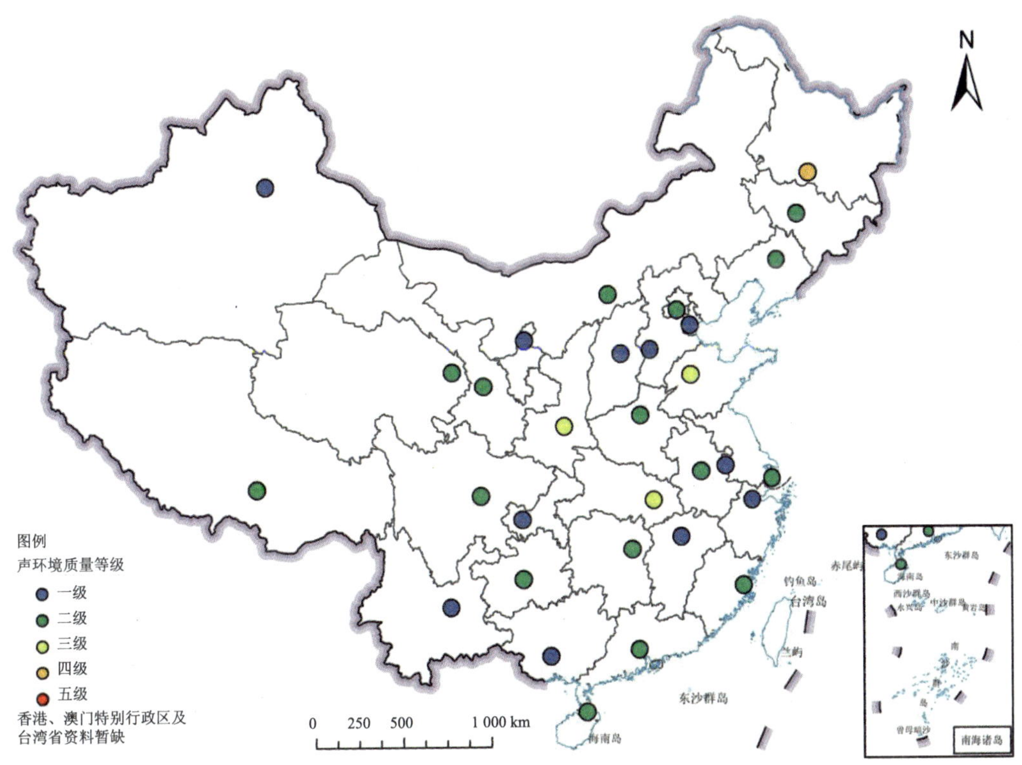

图 2.5-4　2017 年直辖市和省会城市道路交通噪声强度分布示意

2.5.3　城市功能区声环境质量

2.5.3.1　全国

2017 年，全国城市功能区昼间共有 10 041 个监测点次达标，总点次达标率为 92.0%；夜间共有 8 075 个监测点次达标，总点次达标率为 74.0%。其中，0 类区昼间达标率为 76.7%，夜间为 58.3%；1 类区昼间达标率为 86.7%，夜间为 73.3%；2 类区昼间达标率为 92.1%，夜间为 82.5%；3 类区昼间达标率为 96.7%，夜间为 86.9%；4a 类区昼间达标率为 73.3%，夜间为 52.0%；4b 类区昼间达标率为 97.7%，夜间为 71.6%。

与上年相比，0 类区昼间监测点次达标率下降 1.9 个百分点，夜间上升 1.0 个百分点；1 类区昼间监测点次达标率下降 0.7 个百分点，夜间上升 0.5 个百分点；2 类区昼间监测点次达标率下降 0.4 个百分点，夜间下降 0.9 个百分点；3 类区昼间监测点次达标率下降 0.5 个百分点，夜间下降 1.4 个百分点；4a 类区昼间监测点次达标率下降 19.3 个百分点，夜间上升 1.5 个百分点；4b 类区昼间监测点次达标率上升 2.4 个百分点，夜间下降 0.5 个百分点。

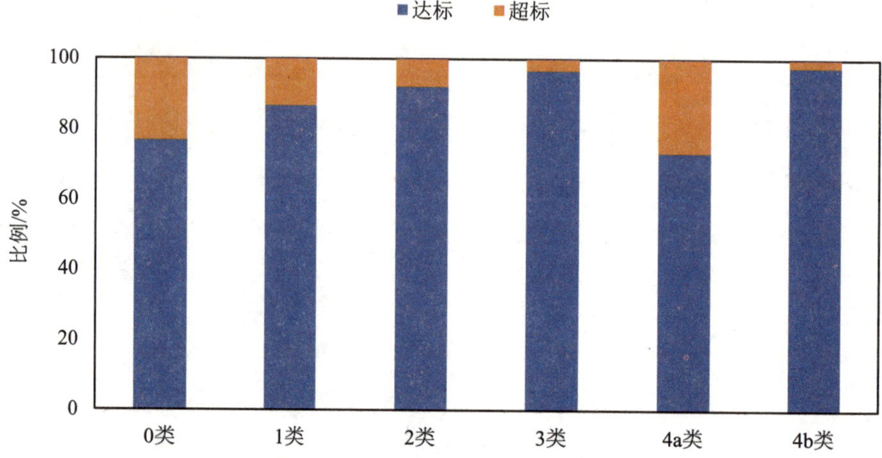

图 2.5-5　2017 年全国城市功能区声环境（昼间）质量

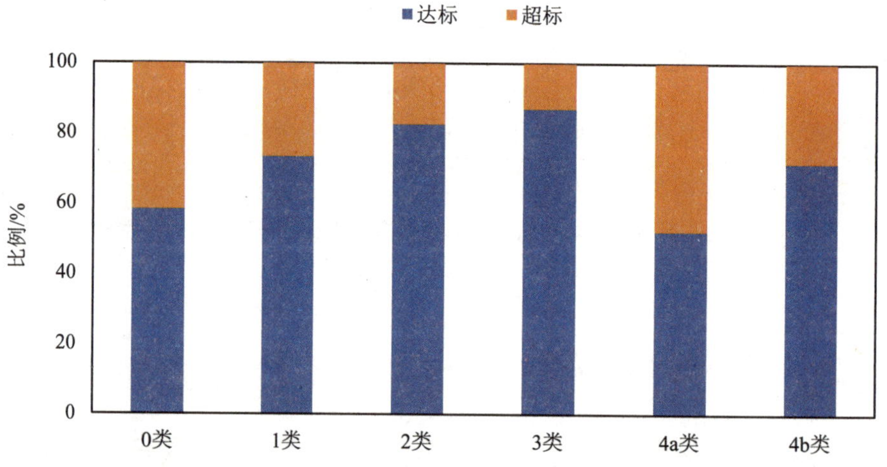

图 2.5-6　2017 年全国城市功能区声环境（夜间）质量

表 2.5-5　2017 年全国城市功能区监测点位达标率年际比较

达标率/% 年度	0 类		1 类		2 类		3 类		4a 类		4b 类	
	昼	夜	昼	夜	昼	夜	昼	夜	昼	夜	昼	夜
2017	76.7	58.3	86.7	73.3	92.1	82.5	96.7	86.9	73.3	52.0	97.7	71.6
2016	78.6	57.3	87.4	72.8	92.5	83.4	97.2	88.3	92.6	50.5	95.3	72.1
年际变化	−1.9	1.0	−0.7	0.5	−0.4	−0.9	−0.5	−1.4	−19.3	1.5	2.4	−0.5

2.5.3.2 直辖市和省会城市

2017 年，31 个直辖市和省会城市功能区昼间共有 1 437 个监测点次达标，总点次达标率为 87.6%；夜间共有 950 个监测点次达标，总点次达标率为 57.9%。其中，0 类区昼间达标率为 83.3%，夜间为 50.0%；1 类区昼间达标率为 78.9%，夜间为 55.9%；2 类区昼间达标率为 89.3%，夜间为 71.5%；3 类区昼间达标率为 96.7%，夜间为 78.7%；4a 类区昼间达标率为 84.3%，夜间为 20.5%；4b 类区昼间达标率为 100.0%，夜间为 50.0%。

与上年相比，0 类区昼间监测点次达标率上升 28.8 个百分点，夜间上升 40.9 个百分点；1 类区昼间监测点次达标率下降 5.0 个百分点，夜间下降 3.6 个百分点；2 类区昼间监测点次达标率下降 0.9 个百分点，夜间下降 4.8 个百分点；3 类区昼间监测点次达标率下降 0.3 个百分点，夜间下降 1.0 个百分点；4a 类区昼间监测点次达标率上升 6.5 个百分点，夜间上升 2.2 个百分点；4b 类区昼间监测点次达标率与上年持平，夜间下降 10.0 个百分点。

表 2.5-6　2017 年直辖市和省会城市功能区监测点位达标率年际比较

达标率/% 年度	0 类		1 类		2 类		3 类		4a 类		4b 类	
	昼	夜	昼	夜	昼	夜	昼	夜	昼	夜	昼	夜
2017	83.3	50.0	78.9	55.9	89.3	71.5	96.7	78.7	84.3	20.5	100	50.0
2016	54.5	9.1	83.9	59.5	90.2	76.3	97.0	79.7	77.8	18.3	100	60.0
年际变化	28.8	40.9	−5.0	−3.6	−0.9	−4.8	−0.3	−1.0	6.5	2.2	0.0	−10.0

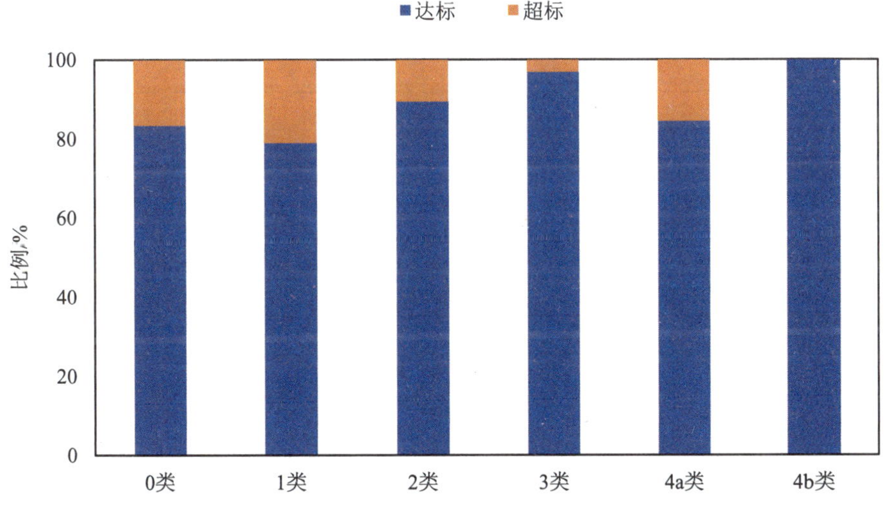

图 2.5-7　2017 年直辖市和省会城市功能区声环境（昼间）质量

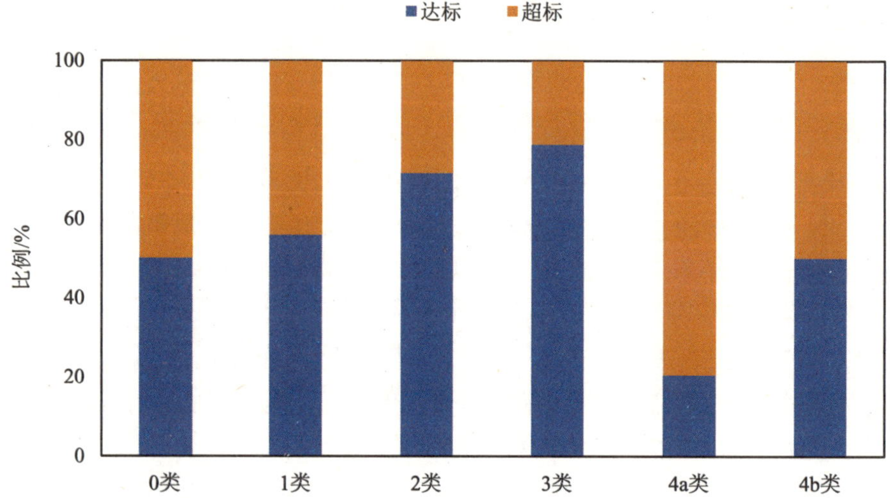

图 2.5-8　2017 年直辖市和省会城市功能区声环境（夜间）质量

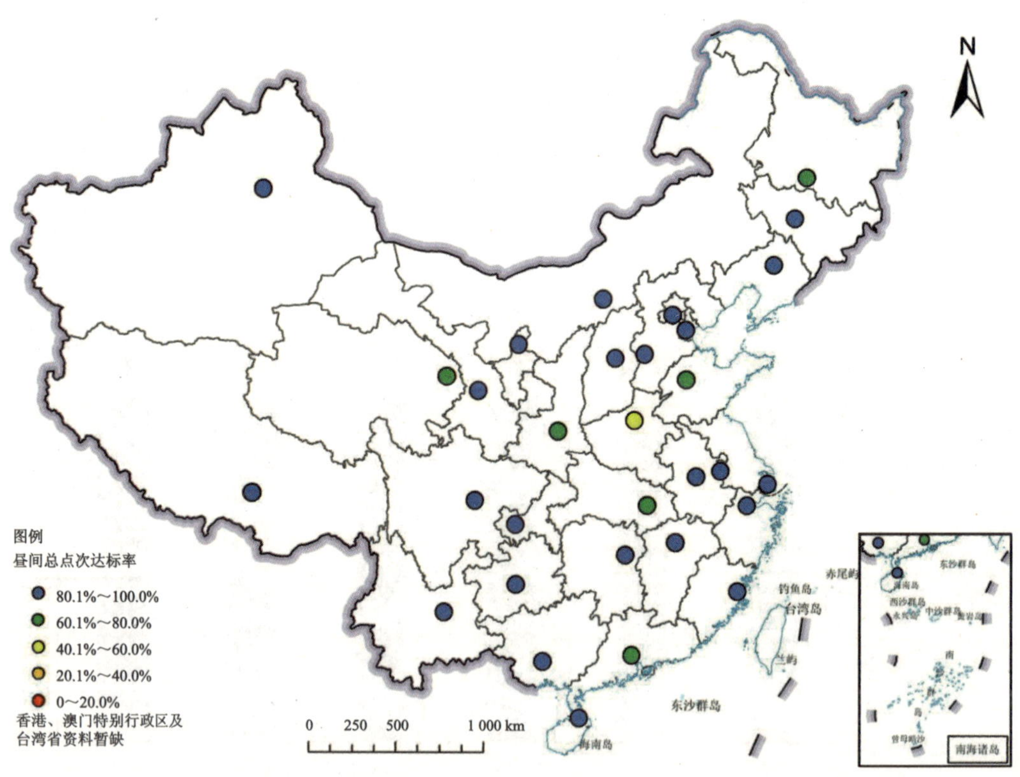

图 2.5-9　2017 年直辖市和省会城市功能区昼间总点次达标率分布示意

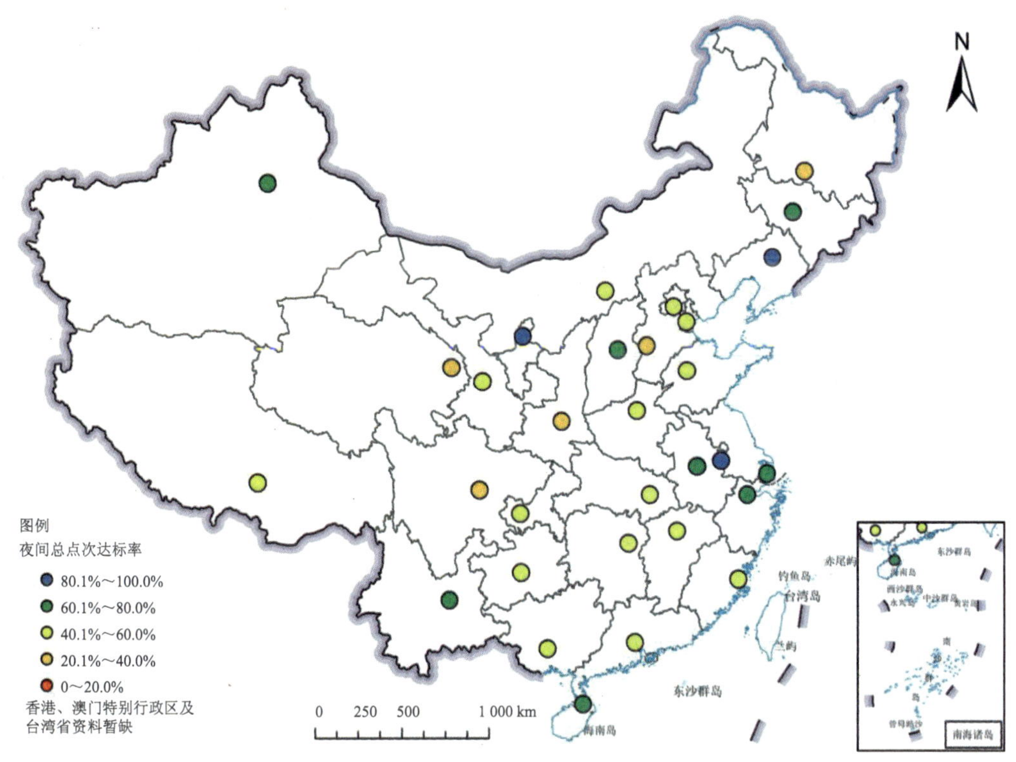

图 2.5-10 2017 年直辖市和省会城市功能区夜间总点次达标率分布示意

2.6 生态环境质量

2.6.1 省域生态环境质量

2016 年，全国生态环境状况指数（EI）值为 50.7，生态环境质量属于“一般”。31 个省（自治区、直辖市）中，生态环境质量“优”的省份有浙江、福建、江西、湖南、广东和海南 6 个，占国土面积的 8.6%；“良”的省份有辽宁、吉林、黑龙江、江苏、安徽、湖北、广西、重庆、四川、贵州、云南和陕西 12 个，占国土面积的 29.4%；“一般”的省份有北京、天津、河北、山西、内蒙古、上海、山东、河南、西藏、甘肃、青海和宁夏 12 个，占国土面积的 44.7%；“较差”的省份为新疆，占国土面积的 17.3%；没有“差”类。在空间上，生态环境质量“优”和“良”的省份主要位于我国东部和南部地区，“一般”和“较差”的省份主要位于我国中部和西部地区，与我国自然地理分布格局有很大的相关性。

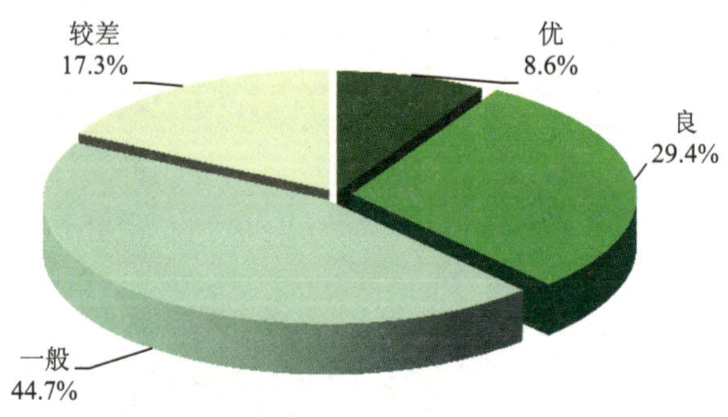

图 2.6-1　2016 年全国省域生态环境质量类型面积比例

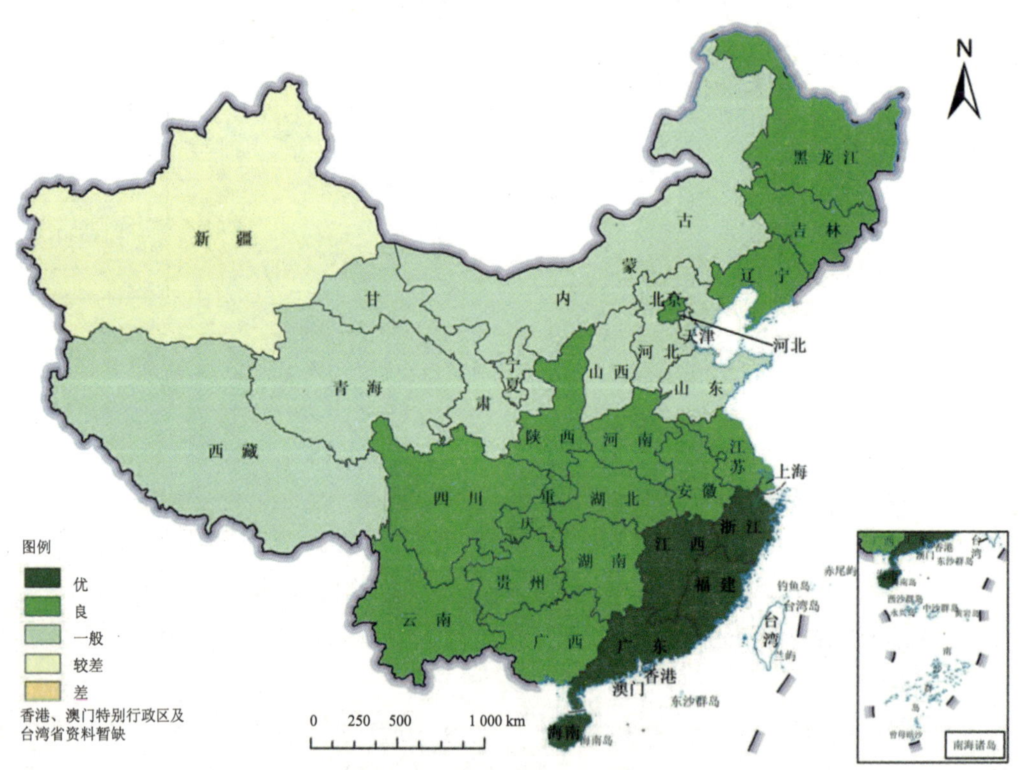

图 2.6-2　2016 年全国省域生态环境质量分布示意

2.6.2　县域生态环境质量

2016 年，全国 2 591 个县域行政单元中，生态环境质量“优”的有 534 个，占国土面积的 16.3%，“良”的有 924 个，占国土面积的 25.7%；“一般”的有 766 个，占国土面积的 24.5%；“较差”的有 341 个，占国土面积的 29.3%；“差”的有 26 个，占国土面积的 4.2%。生态环境质量“优”和“良”的县域面积占国土面积的 42.0%。

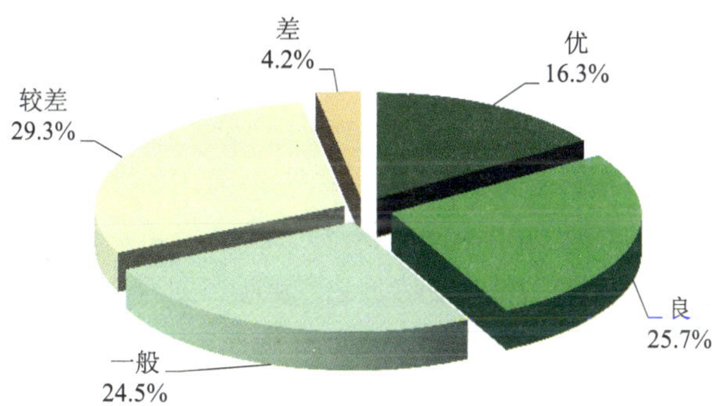

图 2.6-3 2016 年全国县域生态环境质量类型面积比例

在空间上，生态环境质量“优”和“良”的县域主要分布在我国秦岭—淮河以南以及东北的大小兴安岭和长白山地区；“一般”的县域主要分布在我国华北平原、黄淮海平原、东北平原中西部、内蒙古中部等，“较差”和“差”的县域主要分布在我国西北地区，如内蒙古西部、甘肃中西部、西藏西部以及新疆大部等。

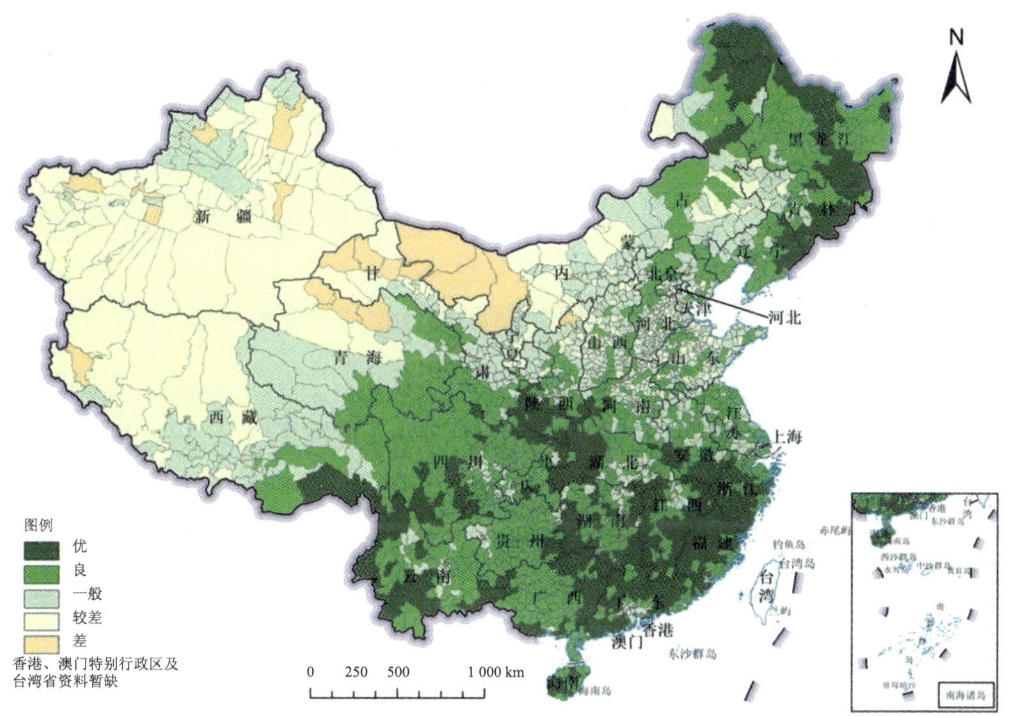

图 2.6-4 2016 年全国县域生态环境质量分布示意

2.6.3 生态功能区县域生态环境质量

2017 年，818 个国家重点生态功能区县域中，防风固沙类型的有 83 个，水土保持类型的有 190 个，水源涵养类型的有 362 个，生物多样性维护类型的有 183 个。

818 个县域生态环境质量指数值（FEI 值）范围为 32.92（河北省衡水市枣强县）～79.69（福建省武夷山市）。国家重点生态功能区县域总体上生态环境质量较好，“优”的县域有 108 个，“良”的有 349 个，“一般”的有 248 个，“较差”的有 98 个，“差”的有 15 个，分别占县域总数的 13.2%、42.7%、30.3%、12.0%和 1.8%。

四类生态功能类型县域生态环境质量状况差异明显，防风固沙、水土保持、水源涵养和生物多样性维护生态功能区中生态环境质量“优”和“良”的县域个数比例分别为 32.5%、55.2%、61.6%和 55.7%，“较差”和“差”县域个数比例分别为 28.9%、12.1%、11.6%和 13.1%。

防风固沙类型的 83 个县域生态环境质量指数 FEI 值范围为 34.16（青海省海西州冷湖行政委员会）～72.20（内蒙古自治区正蓝旗）。生态环境质量“优”和“良”的有 27 个，“一般”的有 32 个，“较差”和“差”的有 24 个。水土保持类型的 190 个县域的生态环境质量指数 FEI 值范围为 33.84（山东省枣庄市台儿庄区）～79.69（福建省武夷山市）。生态环境质量“优”和“良”的县域有 105 个，“一般”的有 62 个，“较差”和“差”的有 23 个。水源涵养类型的 362 个县域生态环境质量指数 FEI 值范围为 33.92（河北省枣强县）～78.43（吉林省汪清县）。生态环境“优”和“良”的县域有 223 个，“一般”的有 97 个，“较差”和“差”的有 42 个。生物多样性维护类型的 183 个县域生态环境质量指数 FEI 值范围为 39.04（新疆维吾尔自治区托里县）～78.80（湖南省张家界市武陵源区）。生态环境“优”和“良”的县域有 101 个，“一般”的有 57 个，“较差”和“差”的有 24 个。

2.6.4 生物多样性

在生态系统多样性方面，具有地球陆地生态系统的各种类型，其中森林类型 212 类、竹林 36 类、灌丛 113 类、草甸 77 类、荒漠 52 类。淡水生态系统复杂，自然湿地有沼泽湿地、近海与海岸湿地、河滨湿地和湖泊湿地等 4 大类。近海海域有黄海、东海、南海和黑潮流域 4 个大海洋生态系统，分布有滨海湿地、红树林、珊瑚礁、河口、海湾、泻湖、岛屿、上升流、海草床等典型海洋生态系统，以及海底古森林、海蚀与海积地貌等自然景观和自然遗迹。还有农田生态系统、人工林生态系统、人工湿地生态系统、人工草地生态系统和城市生态系统等人工生态系统。

在物种多样性方面，已知物种及种下单元数 92 301 种。其中，动物界 38 631 种、植物界 44 041 种、细菌界 469 种、色素界 2 239 种、真菌界 4 273 种、原生动物界 1 843 种、病毒 805 种。列入国家重点保护野生动物名录的珍稀濒危野生动物共 420 种，大熊猫、朱鹮、金丝猴、华南虎、扬子鳄等数百种动物为中国所特有。

在遗传资源多样性方面，有栽培作物 528 类 1 339 个栽培种，经济树种达 1 000 种以上，中国原产的观赏植物种类达 7 000 种，家养动物 576 个品种。

全国 34 450 种高等植物的评估结果显示，受威胁的高等植物有 3 767 种，约占评估物种总数的 10.9%；属于近危等级（NT）的有 2 723 种；属于数据缺乏等级（DD）的有 3 612 种。需要重点关注和保护的高等植物达 10 102 种，占评估物种总数的 29.3%。

全国 4 357 种已知脊椎动物（除海洋鱼类）受威胁状况的评估结果显示，受威胁脊椎动物有 932 种，占评估物种总数的 21.4%；属于近危等级（NT）的有 598 种；属于数据缺乏等级（DD）的有 941 种。需要重点关注和保护的脊椎动物达 2 471 种，占评估物种总数的 56.7%。

2.6.5 自然保护区

截至 2017 年年底，全国共建立各种类型、不同级别的自然保护区 2 750 个，总面积 147.17 万 km^2。其中，自然保护区陆域面积 142.70 万 km^2，占陆域国土面积的 14.86%。国家级自然保护区 463 个，面积 97.45 万 km^2。

表 2.6-1 2017 年全国不同类型自然保护区情况

类型	数量/个					面积/hm^2				
	国家级	省级	市级	县级	合计	国家级	省级	市级	县级	合计
森林生态	212	384	225	613	1 434	15 431 482	11 747 487	2 202 929	2 411 542	31 793 440
草原草甸	4	12	3	22	41	731 424	401 243	39 416	479 606	1 651 689
荒漠生态	13	13	0	5	31	36 700 178	3 273 486	0	80 624	40 054 288
内陆湿地	55	172	63	91	381	20 704 601	6 644 232	1 820 263	1 817 870	30 986 966
海洋海岸	17	13	14	24	68	512 529	50 592	116 710	37 007	716 838
野生动物	123	161	80	162	526	22 248 516	13 389 513	538 223	2 517 663	38 693 915
野生植物	19	41	16	75	151	782 110	464 772	142 617	360 645	1 750 144
地质遗迹	13	40	11	21	85	172 346	715 844	14 268	67 975	970 433
古生物遗迹	7	19	4	3	33	168 393	259 148	120 965	1 051	549 557
合计	463	855	416	1 016	2 750	97 451 579	36 946 317	4 995 391	7 773 983	147 167 271

2.7 农村环境质量

2.7.1 环境空气质量

2017 年，在 31 个省份及新疆生产建设兵团（以下简称兵团）共监测了 2 150 个村庄的环境空气质量。

表 2.7-1 2017 年监测村庄环境空气质量监测结果

监测指标	监测天数/d	达标比例/%	监测值范围	单位	最大超标倍数
SO_2	40 911	99.97	0～239	μg/m^3	0.6
NO_2	40 906	99.8	0～138		0.7
CO	15 124	99.7	0.2～44.0	mg/m^3	10.0
O_3	15 103	98.1	1～585	μg/m^3	2.7
PM_{10}	40 909	95.1	2～1 521		9.1
$PM_{2.5}$	18 433	90.9	1～638		7.5

其中，2 020 个村庄空气质量无超标情况，占 94.0%；130 个村庄存在超标情况，占 6.0%，主要超标指标为 $PM_{2.5}$、PM_{10} 和 O_3。空气质量监测天数累计 40 940 d，其中达标天数为 37 963 d，占 92.7%。从各监测指标来看，SO_2 达标比例为 99.97%，最大超标倍数为 0.6；NO_2 达标比例为 99.8%，最大超标倍数为 0.7；CO 达标比例为 99.7%，最大超标倍数为 10.0；O_3 达标比例为 98.1%，最大超标倍数为 2.7；PM_{10} 达标比例为 95.1%，最大超标倍数为 9.1；$PM_{2.5}$ 达标比例为 90.9%，最大超标倍数为 7.5。

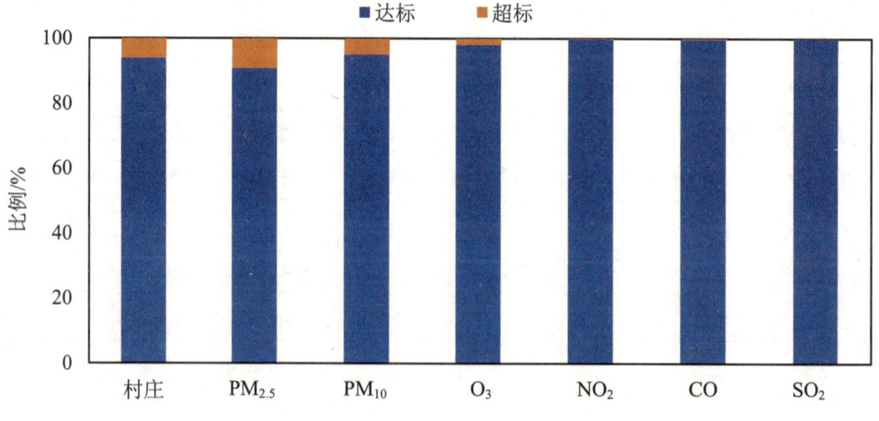

图 2.7-1 2017 年监测村庄空气质量达标比例

从各季度监测结果来看，监测村庄的空气质量达标天数比例分别为第一季度 93.0%、第二季度 92.3%、第三季度 93.7%、第四季度 92.0%。

从各省份情况来看，福建、海南、重庆、云南、西藏 5 个省份监测村庄空气质量达标天数比例均为 100%，北京、天津、山西、上海、陕西、宁夏和新疆（包括兵团）等省份的村庄空气质量达标比例相对较低，在 51.9%～89.1%之间，主要超标指标为 $PM_{2.5}$、PM_{10} 和 O_3。

从空间分布来看，空气质量超标的村庄多分布在我国西北地区和华北地区。西北地区主要与当地植被覆盖率低、耕作方式粗放及局部干旱少雨的自然气候条件密切相关，华北地区主要受周边区域性空气污染的影响。

2.7.2 地表水环境质量

2017 年，31 个省份及兵团共 1 946 个农村地表水水质监测断面中，Ⅰ～Ⅲ类水质断面 1 465 个，占 75.3%；Ⅳ、Ⅴ类 337 个，占 17.3%；劣Ⅴ类 144 个，占 7.4%。对粪大肠菌群所属水质类别进行单独评价，Ⅰ～Ⅲ类水质占 83.2%；Ⅳ、Ⅴ类占 13.0%；劣Ⅴ类占 3.8%。地表水水质超标指标主要为总磷、五日生化需氧量、氨氮、高锰酸盐指数和石油类。

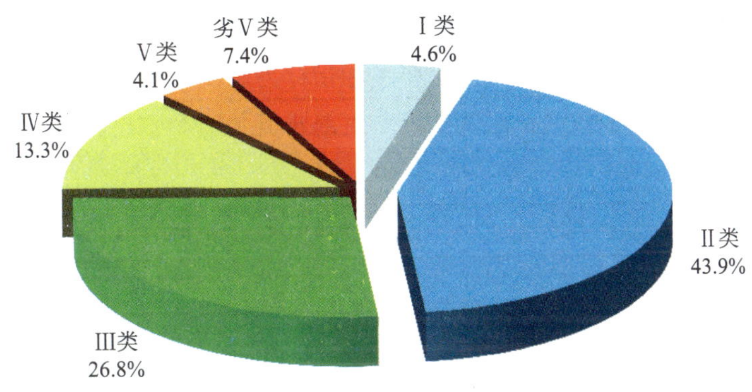

图 2.7-2 2017 年监测村庄地表水水质类别比例

从各季度监测结果来看，第一季度监测断面 1 719 个，其中Ⅰ～Ⅲ类水质断面占 74.5%，Ⅳ、Ⅴ类占 17.7%，劣Ⅴ类占 7.8%；第二季度监测断面 1 908 个，其中Ⅰ～Ⅲ类水质断面占 75.1%，Ⅳ、Ⅴ类占 17.9%，劣Ⅴ类占 7.0%；第三季度监测断面 1 889 个，其中Ⅰ～Ⅲ类水质断面占 75.1%，Ⅳ、Ⅴ类占 18.1%，劣Ⅴ类占 6.8%；第四季度监测断面 1 829 个，其中Ⅰ～Ⅲ类水质断面占 77.7%，Ⅳ、Ⅴ类占 17.4%，劣Ⅴ类占 4.9%。

从各省份情况来看，除西藏的县域农村地表水监测指标未出现超标外，其他省份都存在超标现象。其中，北京、天津、山西、上海、山东和兵团地表水水质超标断面比例超过

50%，北京、天津、河北、山西、山东和兵团劣Ⅴ类水质断面比例超过 20%。

2.7.3 饮用水水源水质

2017 年，31 个省份共监测 2 146 个村庄的饮用水水源水质状况，监测断面（点位）共 2 239 个，总体水质达标比例为 79.1%。其中，地表水水源监测断面 1 139 个，水质达标比例为 95.0%；地下水水源监测点位 1 100 个，水质达标比例为 62.7%。地表水水源水质主要超标指标为总磷、硫酸盐、五日生化需氧量、高锰酸盐指数和硫化物；地下水水源水质主要超标指标为总大肠菌群、氟化物、总硬度、硫酸盐和锰。

从各省份情况来看，除西藏监测村庄的水源水质达标比例为 100%外，其余省份均存在超标情况，其中天津、内蒙古、辽宁、山东、海南、湖南、陕西和宁夏 8 个省份水源水质达标比例均低于 60.0%，分别为 45.2%、47.1%、55.6%、58.8%、42.9%、43.8%、53.8% 和 53.1%。

从各季度监测结果来看，监测村庄地表水水源水质达标比例基本稳定，在 93.6%～97.5%之间。第一季度监测断面 1 032 个，水质达标比例为 98.2%，主要超标指标为总磷、高锰酸盐指数和五日生化需氧量；第二季度监测断面 1 108 个，水质达标比例为 93.6%，主要超标指标为硫酸盐、五日生化需氧量和总磷；第三季度监测断面 1 105 个，水质达标比例为 95.3%，主要超标指标为总磷、五日生化需氧量、铁和高锰酸盐指数；第四季度监测断面 1 074 个，水质达标比例为 93.9%，主要超标指标为总磷、硫酸盐和氯化物。相比较而言，监测村庄地表水水源水质达标比例第一季度高于其他三个季度；个别村庄的地表水水源存在重金属超标情况。

监测村庄地下水水源水质达标比例在 65.2%～71.1%之间。第一季度监测点位 975 个，水质达标比例为 71.1%，主要超标指标为总大肠菌群、氟化物、总硬度、锰和氨氮；第二季度监测点位 1 056 个，水质达标比例为 69.4%，主要超标指标为总大肠菌群、总硬度、氟化物、硫酸盐、氨氮和锰；第三季度监测点位 1 042 个，水质达标比例为 65.2%，主要超标指标为总大肠菌群、硫酸盐、氟化物、总硬度、氨氮和锰；第四季度监测点位 1 035 个，水质达标比例为 66.9%，主要超标指标为总大肠菌群、总硬度、氟化物、硫酸盐、锰和氨氮。相比较而言，第一、第二季度水质达标比例略高于第三、第四季度，总大肠菌群、氨氮、总硬度和氟化物均为各季度的主要超标指标，呈现出明显的农村面源污染特征。

2.7.4 土壤环境质量

2017 年，28 个省份共监测了 1 580 个村庄的土壤环境质量，主要涉及农田、园地、养殖场周边、企业周边、居民区周边、垃圾场周边、饮用水水源周边及林地 8 种土地利用类型。其中，1 101 个村庄未出现监测指标超标现象，占监测村庄总数的 69.7%；479 个村庄存在超标情况，占 30.3%，主要分布在华东、华南和西南等地区。采集的 6 430 个土壤样品中，达标样品 5 263 个，占 81.9%；超标样品 1 167 个，占 18.1%。必测指标中镉超标比例最大，为 10.1%，其余为汞 4.0%、铅 3.7%、砷 3.0%和铬 1.9%；选测指标中苯并[*a*]芘超标比例最大，为 6.6%，其余为滴滴涕 5.0%和六六六 3.9%。

表 2.7-2 2017 年监测村庄土壤环境质量监测结果

指标属性	序号	监测指标	点位数量/个	达标数量/个	超标数量/个	达标比例/%	超标比例/%	数值范围/（mg/kg）
必测指标	1	镉	6 429	5 778	651	89.9	10.1	0.000 5～20.4
	2	汞	6 430	6 170	260	96.0	4.0	0.000 2～3.814
	3	铅	6 430	6 192	238	96.3	3.7	0.012 5～893
	4	砷	6 429	6 235	194	97.0	3.0	0.005～323
	5	铬	6 410	6 286	124	98.1	1.9	0.2～878
选测指标	1	苯并[*a*]芘	332	310	22	93.4	6.6	未检出～2.03
	2	六六六	817	785	32	96.1	3.9	未检出～13.6
	3	滴滴涕	817	776	41	95.0	5.0	未检出～0.346

从各省份情况来看，北京和山东 2 个省份监测村庄的土壤监测指标均达标，其余 26 个省份均存在不同程度的超标情况，以轻度和轻微污染为主。其中辽宁、浙江、福建、江西、广东、广西、贵州、云南和青海超标点位的比例超过 20%。

垃圾场周边、企业周边、养殖场周边和居民区周边的土壤超标点位比例相对较高，依次为 27.1%、24.8%、22.3%和 21.7%。重度污染的土壤点位中，企业周边土壤点位比例最高为 3.0%，其次为农田 1.9%，再次为垃圾场周边 1.5%；中度污染的土壤点位中，居民区周边土壤点位比例最高为 3.2%，其次为企业周边 3.0%，再次为垃圾场周边 2.7%。

2.8 辐射环境质量

2.8.1 电离

2.8.1.1 空气吸收剂量率

2017 年，辐射环境自动监测站实时连续空气吸收剂量率均处于当地天然本底涨落范围内。150 个自动站的年均值范围在 49.8～194.3 nGy/h 之间。

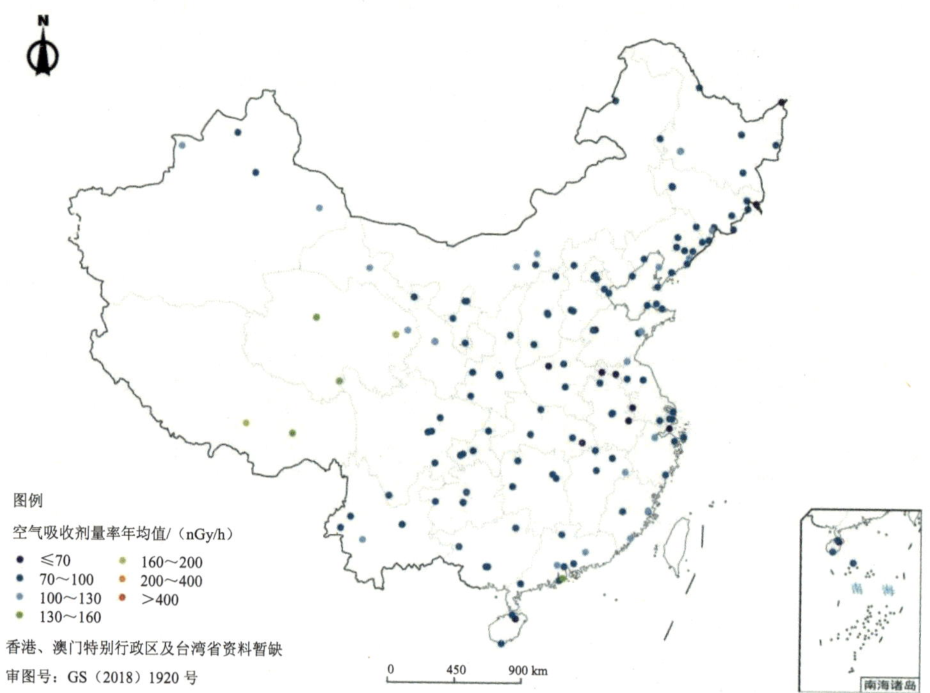

图 2.8-1　2017 年辐射环境自动监测站实时连续空气吸收剂量率年均值分布示意

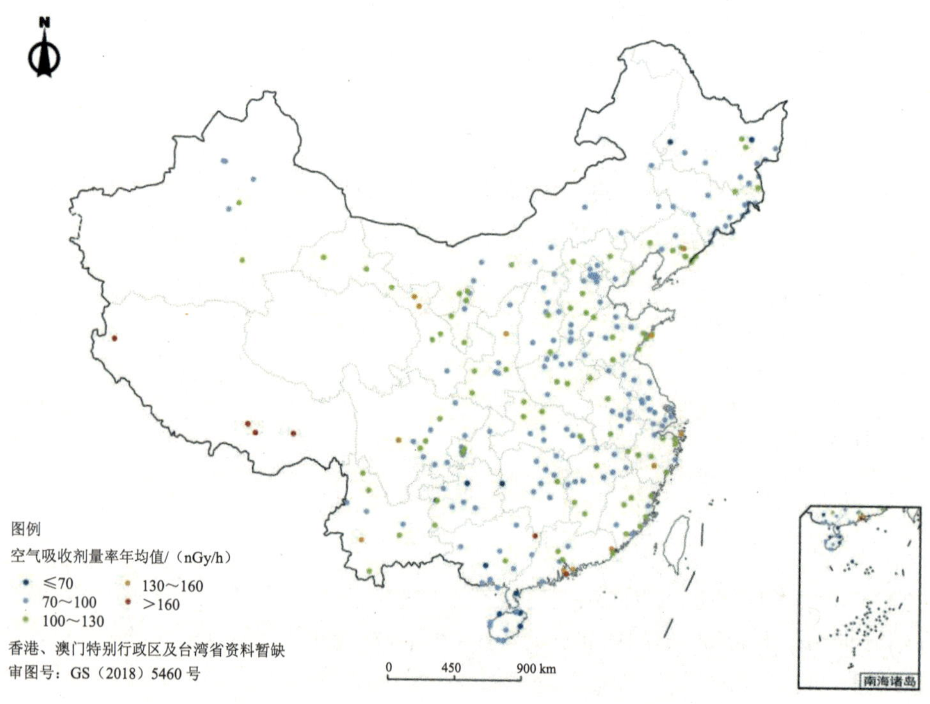

图 2.8-2　2017 年累积剂量测得的空气吸收剂量率年均值分布示意

累积剂量测得的空气吸收剂量率（未扣除宇宙射线响应值）处于当地天然本底涨落范围内，304 个监测点的年均值范围为 43.6～281 nGy/h，主要分布区间为 75.1～123 nGy/h。

2.8.1.2 空气

2017 年，气溶胶中天然放射性核素活度浓度处于本底水平，人工放射性核素活度浓度未见异常。

沉降物中天然放射性核素日沉降量处于本底水平，人工放射性核素日沉降量未见异常。降水中氚活度浓度未见异常。

空气（水蒸气）中氚活度浓度未见异常。空气中气态放射性碘-125 和碘-131 未见异常。

表 2.8-1 2017 年气溶胶中放射性核素活度浓度监测结果

监测项目 [1]	单位	n/m [2]	范围 [3]
铍-7	mBq/m^3	1 129/1 129	0.08～14
钾-40	mBq/m^3	451/1 133	0.01～0.75
铅-210	mBq/m^3	283/283	0.14～6.8
钋-210	mBq/m^3	275/275	0.03～1.6
铯-134	$\mu Bq/m^3$	0/1 141	—
铯-137（γ 能谱分析）	$\mu Bq/m^3$	5/1 149	0.24～6.9
铯-137（放化分析）	$\mu Bq/m^3$	60/67	0.04～6.9
锶-90	$\mu Bq/m^3$	60/73	0.09～14

注：1）个别点位因仪器设备等原因未开展相关项目监测，或因采样、样品前处理、测量等原因导致监测结果无效（下同）。
2）表中符号说明："n"表示 2017 年高于 MDC 测值数，"m"表示 2017 年测值总数，"MDC"表示最小可探测浓度，"—"表示不适用（下同）。
3）范围表示高于 MDC 测值范围（下同）。

表 2.8-2 2017 年沉降物中放射性核素日沉降量监测结果

监测项目	单位	总沉降		干沉降		湿沉降	
		n/m	范围	n/m	范围	n/m	范围
铍-7	Bq/（m^2d）	68/68	0.10～16	29/29	0.05～5.5	19/21	0.05～1.5
钾-40	Bq/（m^2d）	52/66	0.02～1.2	26/29	0.03～0.64	10/20	0.01～0.24
铯-134	mBq/（m^2d）	0/69	—	0/30	—	0/21	—
铯-137（γ 能谱分析）	mBq/（m^2d）	1/65	2.0	0/30	—	0/21	—
铯-137（放化分析）	mBq/（m^2d）	12/15	0.09～8.2	6/6	0.03～0.67	4/5	0.15～0.67
锶-90	mBq/（m^2d）	19/20	0.66～10	5/6	0.03～13	3/5	2.0～4.1

2.8.1.3 水体

2017 年，长江、黄河、珠江、松花江、淮河、海河、辽河、浙闽片河流、西南诸河、西北诸河和重点湖泊（水库）地表水中总α和总β活度浓度、天然放射性核素铀和钍浓度、镭-226 活度浓度处于本底水平；人工放射性核素锶-90 和铯-137 活度浓度未见异常。江河水高于 MDC 的测值中，天然放射性核素铀质量浓度的主要分布区间为 0.10～4.0 μg/L，钍质量浓度的主要分布区间为 0.07～0.58 μg/L，镭-226 活度浓度的主要分布区间为 2.8～13 mBq/L；人工放射性核素锶-90 活度浓度的主要分布区间为 1.2～6.2 mBq/L，铯-137 活度浓度的主要分布区间为 0.2～0.7 mBq/L。

地下水中总α和总β活度浓度、天然放射性核素铀和钍浓度、镭-226 活度浓度处于本底水平。其中，饮用地下水中总α和总β活度浓度低于《生活饮用水卫生标准》(GB 5749—2006）规定的放射性指标指导值。

集中式饮用水水源水中总α和总β活度浓度、天然放射性核素铀和钍浓度、镭-226 活度浓度处于本底水平；人工放射性核素锶-90 和铯-137 活度浓度未见异常。其中，总α和总β活度浓度低于《生活饮用水卫生标准》（GB 5749—2006）规定的放射性指标指导值。

近岸海域海水中天然放射性核素铀和钍浓度、镭-226 活度浓度处于本底水平；人工放射性核素锶-90 和铯-137 活度浓度未见异常，且低于《海水水质标准》（GB 3097—1997）规定的限值。

表 2.8-3 2017 年水体监测结果

监测项目 \ 水体类别		江河水	湖库水	饮用水/水源水	地下水	海水
铀/（μg/L）	*n*/*m*	151/151	36/36	83/84	28/29	48/48
	范围	0.06～6.4	0.03～9.5	0.04～5.3	0.04～12	1.2～6.0
钍/（μg/L）	*n*/*m*	155/155	36/36	80/81	25/29	44/46
	范围	0.02～1.0	0.03～0.51	0.03～0.78	0.02～0.64	0.03～1.4
镭-226/（mBq/L）	*n*/*m*	133/139	33/35	77/79	26/29	44/45
	范围	1.7～22	0.65～18	0.92～16	1.4～38	3.2～16
锶-90/（mBq/L）	*n*/*m*	142/144	35/35	74/75	/[1)]	48/48
	范围	0.51～8.5	0.69～10	0.61～9.7	/[1)]	0.49～8.6
铯-137/（mBq/L）	*n*/*m*	86/144	17/34	39/80	/[1)]	47/48
	范围	0.2～1.0	0.2～2.8	0.1～1.2	/[1)]	0.3～2.5

注：1）“/” 表示监测方案未要求开展监测。

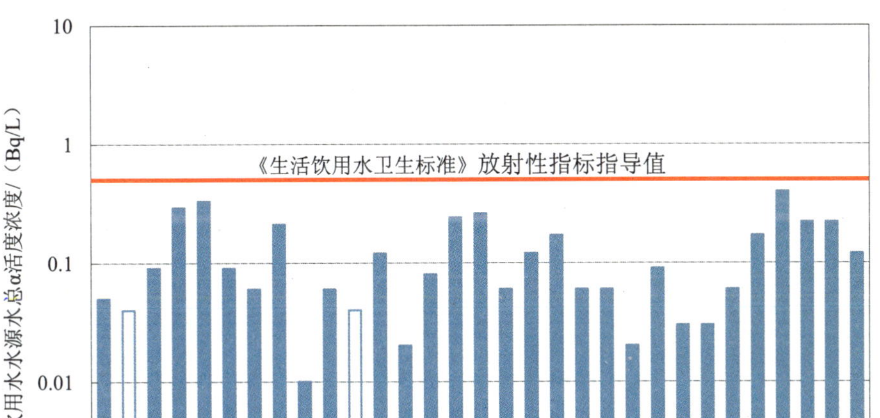

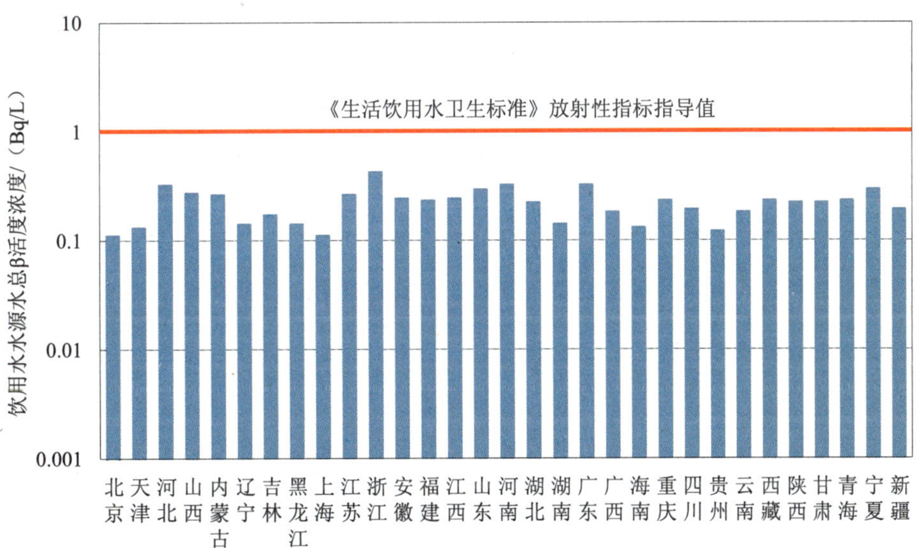

图 2.8-3　2017 年饮用水水源水中总α和总β活度浓度

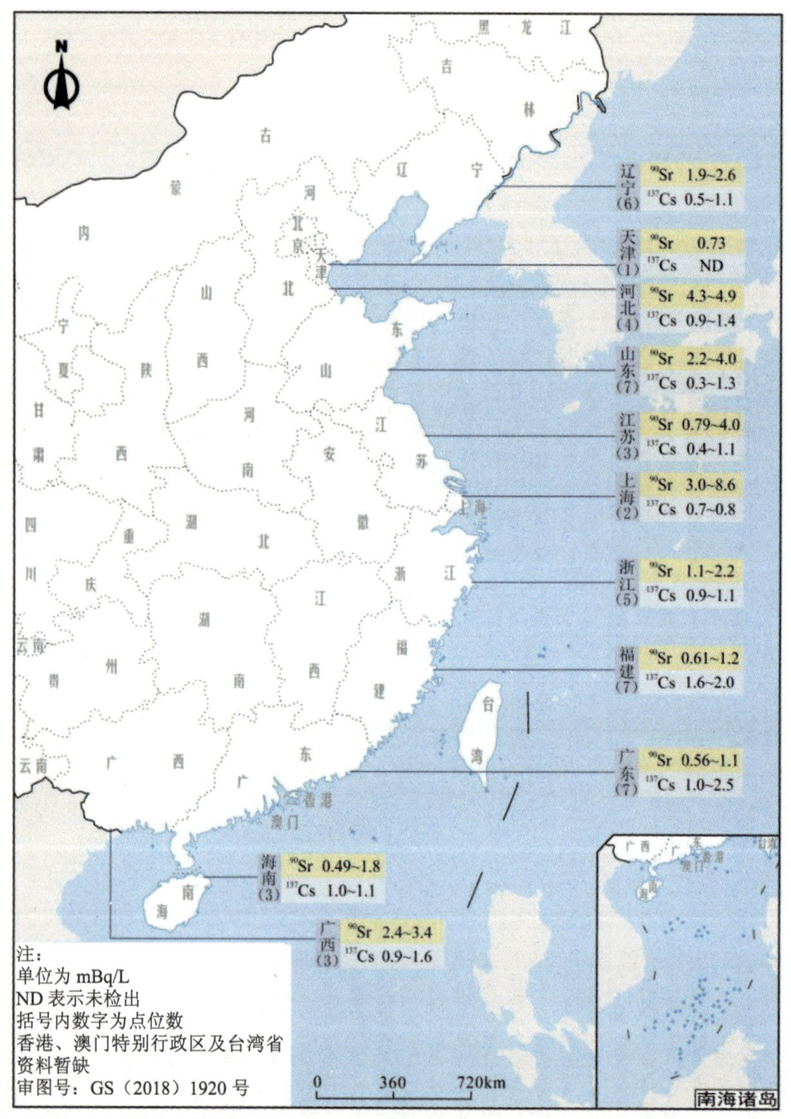

图 2.8-4 2017 年近岸海域海水中锶-90 和铯-137 活度浓度分布示意

2.8.1.4 土壤

2017 年，土壤中天然放射性核素铀-238、钍-232 和镭-226 活度浓度处于本底水平，人工放射性核素铯-137 活度浓度未见异常。

土壤高于 MDC 的测值中，天然放射性核素铀-238 活度浓度的主要分布区间为 21～69Bq/（kg·干），钍-232 活度浓度的主要分布区间为 32～82Bq/（kg·干），镭-226 活度浓度的主要分布区间为 22～63Bq/（kg·干）；人工放射性核素铯-137 活度浓度的主要分布区间为 0.6～4.1Bq/（kg·干）。

表 2.8-4　2017 年土壤监测结果

监测项目	单位	n/m	范围
铀-238	Bq/（kg·干）	333/353	8～240
钍-232	Bq/（kg·干）	353/353	14～417
镭-226	Bq/（kg·干）	352/352	8～222
铯-137	Bq/（kg·干）	196/346	0.3～7.6

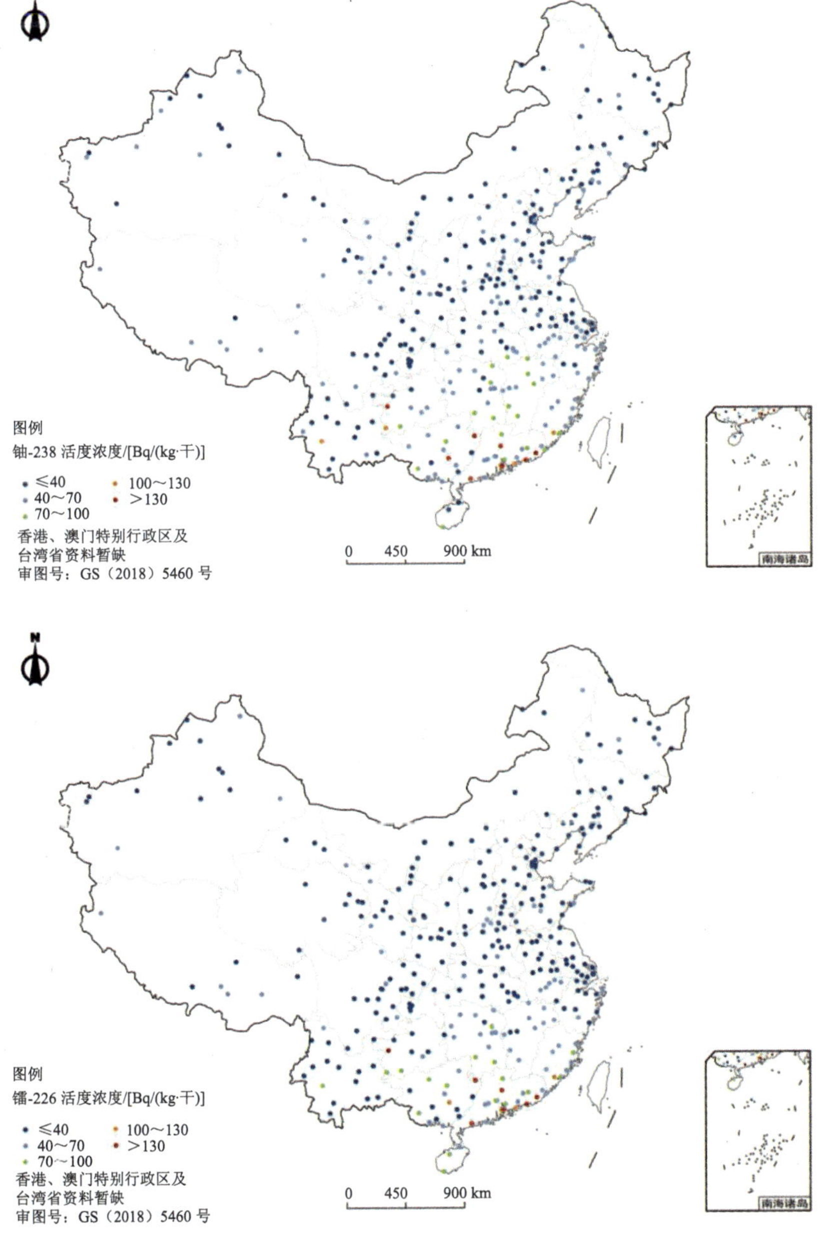

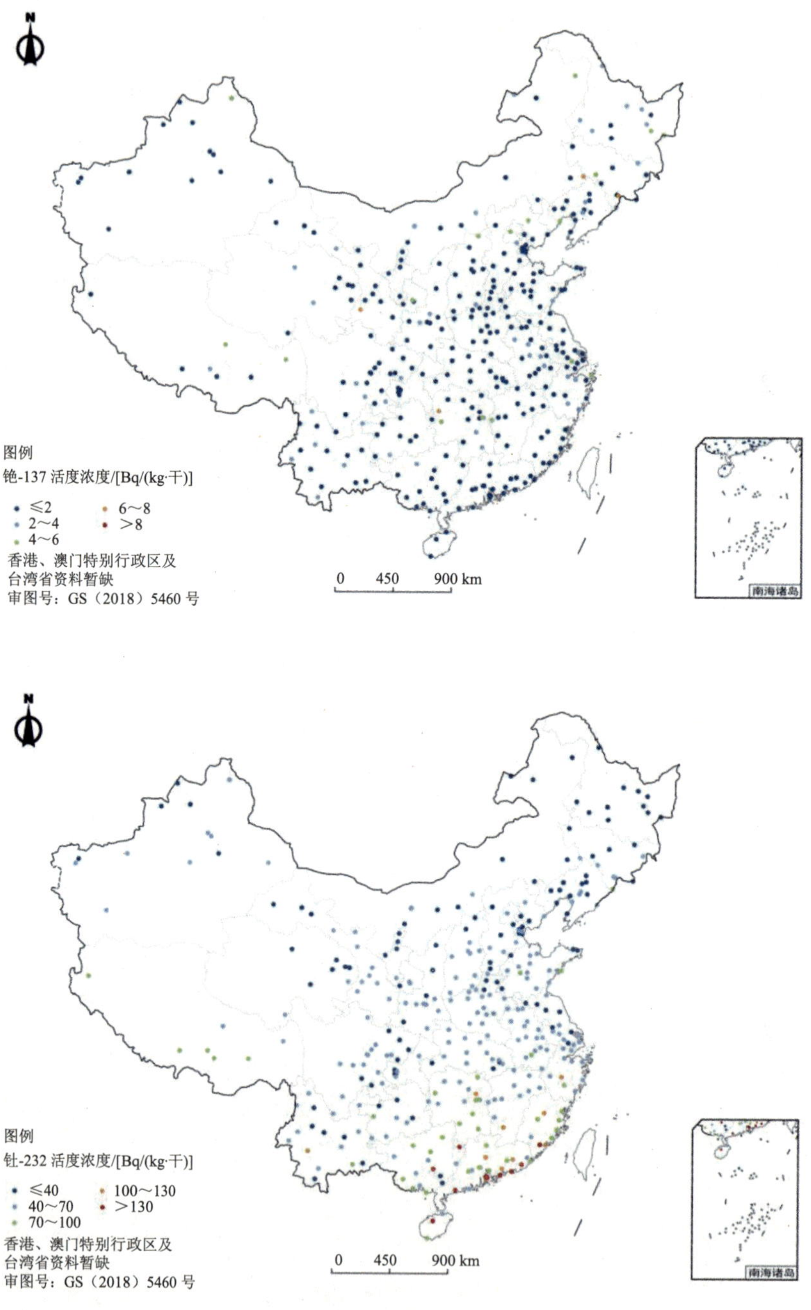

图 2.8-5 2017 年土壤中放射性核素活度浓度分布示意

2.8.2 电磁

2017 年，31 个直辖市和省会城市环境综合电场强度为 0.24～3.0 V/m，远低于《电磁环境控制限值》（GB 8702—2014）中规定的公众曝露控制限值。

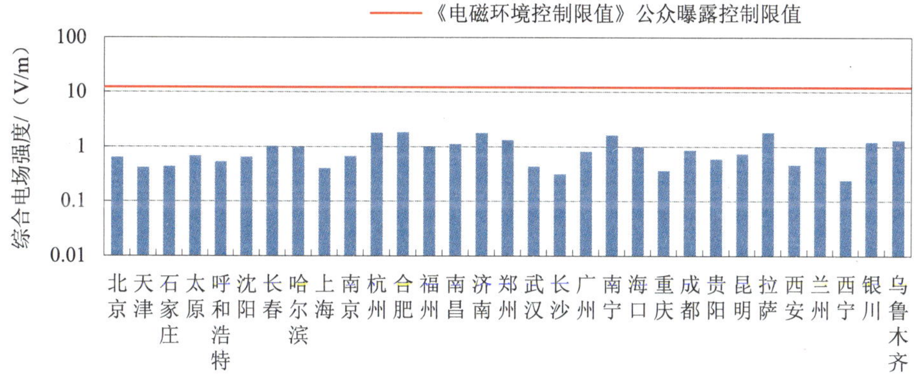

图 2.8-6　2017 年直辖市和省会城市环境电磁辐射水平

第三篇

总结

3.1 基本结论

2017 年，全国城市环境空气质量进一步改善，酸雨发生面积略有减少，地表水环境质量保持稳定，近岸海域水质一般，城市声环境质量稳定，生态环境质量“一般”，辐射环境质量总体良好。

3.1.1 城市环境空气质量改善

338 个地级及以上城市中有 99 个城市环境空气质量达标，占 29.3%。$PM_{2.5}$ 年均浓度平均为 43 μg/m^3，比上年下降 6.5%；$PM_{2.5}$ 达标城市比例为 35.8%，比上年上升 6.2 个百分点。PM_{10} 年均浓度平均为 75 μg/m^3，比上年下降 5.1%；PM_{10} 达标城市比例为 47.0%，比上年上升 4.1 个百分点。SO_2 年均浓度平均为 18 μg/m^3，比上年下降 18.2%；SO_2 达标城市比例为 99.1%，比上年上升 2.1 个百分点。CO 日均值第 95 百分位数浓度平均为 1.7 mg/m^3，比上年下降 10.5%；CO 达标城市比例为 98.8%，比上年上升 1.8 个百分点。

3.1.2 酸雨发生面积略有减少

全国酸雨发生面积约 62 万 km^2，占国土面积的 6.4%，比上年下降 0.8 个百分点；分布区域集中在长江以南—云贵高原以东地区，主要包括浙江、上海、江西、福建大部分地区，湖南中东部、广东中部、重庆南部、江苏南部和安徽南部的少部分地区。与上年相比，全国酸雨城市比例下降 1.0 个百分点，较重酸雨城市和重酸雨城市比例总体持平；全国酸雨发生频率在 25%以上、50%以上和 75%以上的城市比例分别下降 3.4 个百分点、2.1 个百分点和 1.0 个百分点。

3.1.3 全国地表水环境质量保持稳定

全国地表水水质总体为轻度污染，与上年相比无明显变化。主要超标指标为总磷、化学需氧量和氨氮，断面超标率分别为 18.1%、16.6%和 9.5%。水质优良（Ⅰ～Ⅲ类）断面比例为 67.9%，比上年上升 0.1 个百分点；劣Ⅴ类断面比例为 8.3%，比上年下降 0.3 个百分点。西南诸河、西北诸河和浙闽片河流水质为优，珠江、松花江和长江流域水质良好，辽河、黄河和淮河流域为轻度污染，海河流域为中度污染。海河和黄河流域氨氮浓度超过地表水Ⅲ类水质标准，其他流域氨氮均达到地表水Ⅲ类水质标准。与上年相比，松花江流域由轻度污染转为良好；海河流域仍为中度污染，但优良水质断面比例上升 4.4 个百分点，劣Ⅴ类下降 8.1 个百分点。

3.1.4 重要湖库污染仍然存在

112 个重要湖库中，水质为优的湖库占 29.5%，水质良好的占 33.0%，轻度污染的占 19.6%，中度污染的占 7.1%，重度污染的占 10.7%。主要超标指标为总磷、化学需氧量和高锰酸盐指数。其中，太湖为轻度污染，巢湖为中度污染，滇池为重度污染。开展营养状态监测的 109 个湖库中，中度富营养状态的湖库占 3.7%，轻度富营养状态的占 26.6%，中营养状态的占 61.5%，贫营养状态的占 8.3%。

3.1.5 近岸海域水质一般

全国近岸海域水质基本保持稳定，水质级别为一般。一类海水比例为 34.5%，比上年上升 2.1 个百分点；二类海水比例为 33.3%，比上年下降 7.7 个百分点；三类海水比例为 10.1%，比上年下降 0.2 个百分点；四类海水比例为 6.5%，比上年上升 3.4 个百分点；劣四类海水比例为 15.6%，比上年上升 2.4 个百分点。主要超标指标为无机氮和活性磷酸盐，部分海域 pH、石油类、粪大肠菌群、化学需氧量、铜、非离子氨、大肠菌群和挥发性酚有超标现象。

3.1.6 城市声环境质量稳定

全国城市昼间区域声环境质量为一级和二级的城市占 70.9%，昼间道路交通声环境质量为一级和二级的城市占 93.5%；各类功能区声环境质量昼间达标率高于夜间，3 类功能区达标率高于其他类功能区。

3.1.7 生态环境质量“一般”

全国生态环境状况指数（EI）值为 50.7，生态环境质量属于“一般”。31 个省（自治区、直辖市）中，生态环境质量“优”的省份有 6 个，占国土面积的 8.6%；“良”的省份有 12 个，占国土面积的 29.4%；“一般”的省份有 12 个，占国土面积的 44.7%；“较差”的省份有 1 个，占国土面积的 17.3%；没有“差”类。生态环境质量“优”和“良”的县域面积占国土面积的 42.0%。生态环境质量“优”和“良”的县域主要分布在我国秦岭—淮河以南以及东北的大小兴安岭和长白山地区，“一般”的县域主要分布在华北平原、黄淮海平原、东北平原中西部、内蒙古中部等地区，“较差”和“差”的县域分布在内蒙古西部、甘肃中西部、西藏西部以及新疆大部等西北地区。

3.1.8 农村环境存在污染

全国 2 150 个村庄环境空气质量中，130 个村庄存在超标情况，占 6.0%，主要超标指标为 $PM_{2.5}$、PM_{10} 和 O_3，超标村庄大多分布在我国西北地区和华北地区。1 946 个农村地表水水质监测断面中，Ⅰ～Ⅲ类断面占 75.3%，Ⅳ和Ⅴ类占 17.3%，劣Ⅴ类占 7.4%，超标指标为总磷、五日生化需氧量、氨氮、高锰酸盐指数和石油类。监测的 2 146 个饮用水水源总体水质达标比例为 79.1%；其中，地表水水源水质达标比例为 95.0%，主要超标指标为总磷、硫酸盐、五日生化需氧量、高锰酸盐指数和硫化物；地下水水源水质达标比例为 62.7%，主要超标指标为总大肠菌群、氟化物、总硬度、硫酸盐和锰。1 580 个监测土壤的村庄中，479 个村庄存在土壤监测指标超标情况，占 30.3%；垃圾场周边、企业周边、养殖场周边和居民区周边的土壤超标点位比例相对较高。

3.1.9 辐射环境质量总体良好

全国环境电离辐射水平处于本底涨落范围内，环境电磁辐射水平低于国家规定的电磁环境控制限值。

3.2 主要环境问题

3.2.1 臭氧污染呈上升趋势

近年来，全国 O_3 污染呈上升趋势。其中，74 个城市 O_3 日最大 8 h 平均浓度第 90 百分位数均值从 2013 年的 139 $\mu g/m^3$ 上升至 2017 年的 167 $\mu g/m^3$，上升 20.1%；338 个城市的 O_3 日最大 8 h 平均浓度第 90 百分位数均值从 2015 年的 134 $\mu g/m^3$ 上升至 2017 年的 149 $\mu g/m^3$，上升 11.2%。臭氧污染呈现连片式、区域性污染特征，主要集中在辽宁中南部、京津冀及周边、长三角、武汉城市群、陕西关中地区及成渝、珠三角区域。2017 年，京津冀、长三角和珠三角三大重点区域的 O_3 浓度相对较高，O_3 日最大 8 h 平均浓度第 90 百分位数分别为 193 $\mu g/m^3$、170 $\mu g/m^3$ 和 165 $\mu g/m^3$，比 2013 年分别上升 24.5%、18.1%和 6.5%；109 个 O_3 未达标的城市中，有 77 个分布在这三大重点区域。

3.2.2 部分地区空气质量有所变差

2017 年，338 个城市中，139 个城市空气质量综合指数同比上升，空气质量变差，主要集中在北方的山西、陕甘宁、东北三省、内蒙古高原和北疆等地区，南方的安徽、江西、广东、广西、云南以及福建沿海等地区；其中，安徽、广东、江西和山西空气质量同比变差的城市较多，其次是云南、黑龙江和广西。

3.2.3 总磷是影响地表水水质的主要超标指标

2017 年，全国地表水总磷断面超标率为 18.1%，超过化学需氧量、氨氮，成为影响全国地表水水质的主要超标指标。有 24 个湖泊和 4 个水库总磷浓度超标，其中星云湖和白洋淀总磷为劣Ⅴ类；湖泊总磷污染总体重于水库。与 2012 年相比，2017 年辽河、黄河、西北诸河和珠江流域总磷浓度有所上升。

3.2.4 地表水重金属超标有所加重

2017 年，有 39 个地表水国考断面出现 56 次重金属超标现象。主要超标指标为汞、砷和硒，其中，汞超标 23 次、硒 6 次、砷 5 次。从流域来看，超标断面主要分布在黄河、海河、辽河和长江流域，分别为 16 次、8 次、7 次和 4 次。从省份来看，超标断面主要分布在辽宁、山西、内蒙古、山东等地。与上年相比，重金属超标断面数量增加 10 个，超标次数增加 8 次，其中黄河流域汞超标断面和次数增加较多。

3.2.5 城市道路交通两侧区域夜间噪声污染较严重

2017 年，全国城市昼间区域等效声级平均值为 53.9 dB（A），各城市区域声环境质量主要为二级和三级；全国城市昼间道路交通噪声等效声级为 67.1 dB（A），各城市道路交通噪声强度主要为一级和二级；全国城市功能区昼间达标率均高于夜间，其中 3 类功能区昼间/夜间点次达标率最高，4a 类功能区（道路交通两侧区域）夜间点次达标率最低。直辖市和省会城市的噪声污染高于全国城市平均水平。

3.2.6 农村地区环境问题较为突出

总体上看，虽然农村地区空气质量总体优于城市，但部分地区也存在一定的空气污染。2017 年，监测地区的 SO_2、NO_2、CO、O_3、PM_{10} 和 $PM_{2.5}$ 的最大超标倍数分别为 0.6、0.7、10.0、2.7、9.1 和 7.5。农村饮用水水源水质达标率比城市集中式饮用水水源达标率低 11.4 个百分点，其中地下水水源水质达标率低于城市地下水水源达标率 22.4 个百分点。

3.3 对策建议

3.3.1 加强臭氧污染治理和管控

近地面的 O_3 主要是由氮氧化物（NO_x）与挥发性有机物（VOCs）等前体物，在光照条件下通过光化学反应生成。造成当前 O_3 污染问题凸显的主要原因有三个：一是前体物排放量大，尤其是 VOCs 排放来源多、分散，尚未得到有效控制；二是持续高温、强光照天气加剧了光化学反应；三是 O_3 性质活跃、生成机理复杂，NO_x 和 VOCs 减排过程中也可能因比例不协调导致 O_3 浓度不降反升等。因此，要加强对 O_3 污染的治理和管控，减少 VOCs 和 NO_x 的排放，加快推进光化学监测网建设，在重点区域和城市开展 VOCs 例行监测，加强工业园区、重点污染源的 VOCs 排放监督性监测，摸清 O_3 来源和主要影响因素，为 O_3 污染治理提供决策支撑；推进 O_3 污染和 $PM_{2.5}$ 污染协同治理；强化 VOCs 和 NO_x 排放重点行业、领域治理。

3.3.2 加强地表水氮磷监测，推动解决氮磷污染问题

总磷是水体中较常见的一种形态磷，是藻类生长重要的因素，也是导致水体富营养化最常见的原因。磷对人体皮肤可造成直接危害，引发各种皮肤炎症，磷化物可导致呕吐、腹泻、头痛甚至中毒死亡；含磷的矿山尾矿、渣场等在雨水的淋溶作用下进入地表径流或渗入地下水，造成水体污染。为解决氮磷污染突出问题，应加强全国地表水氮磷监测，把总磷、总氮作为基本指标纳入全国水质自动站的监测和评价体系中，全面反映全国地表水总磷、总氮污染状况及变化情况，为地表水总磷、总氮污染防治提供数据支撑，推动解决日益突出的氮磷污染问题。

3.3.3 加强农村环境质量例行监测，推动农村生态环境保护

目前，我国农村环境形势十分严峻，存在点源污染和面源污染共存，生活污染和工业污染叠加，各种新旧污染相互交织，工业及城市污染向农村转移，村镇环境脏、乱、差现象普遍，农村环境质量总体状况不清，人民群众环保意识不高等诸多问题，不仅对人民群众的健康造成影响，也制约了社会经济的进一步发展。因此，为加强农村环境质量监测，切实掌握农村环境质量现状及变化情况，为农村生态环境保护和管理决策提供可靠数据，建议推动环境监管服务向农村地区进一步延伸。

附 表

2017 年 338 个地级及以上城市六项污染物质量浓度及环境空气质量达标情况

省份	城市名称	SO_2 年均浓度/（μg/m³）	NO_2 年均浓度/（μg/m³）	PM_{10} 年均浓度 /（μg/m³）	CO 日均值第 95 百分位数浓度 /（mg/m³）	O_3 日最大 8 h 第 90 百分位数浓度/（μg/m³）	$PM_{2.5}$ 年均浓度/（μg/m³）	达标情况
北京	北京市	8	46	84	2.1	193	58	超标
天津	天津市	16	50	94	2.8	192	62	超标
河北	石家庄市	33	54	154	3.6	201	86	超标
河北	唐山市	40	59	119	3.8	205	66	超标
河北	秦皇岛市	26	49	82	2.9	170	44	超标
河北	邯郸市	36	51	154	3.4	195	86	超标
河北	邢台市	39	56	148	3.2	212	80	超标
河北	保定市	29	50	135	3.6	218	84	超标
河北	承德市	17	35	82	2.1	162	35	超标
河北	沧州市	31	47	105	2.3	195	66	超标
河北	廊坊市	14	48	102	2.9	207	60	超标
河北	衡水市	19	40	135	2.6	191	77	超标
河北	张家口市	16	25	70	1.3	172	31	超标
山西	太原市	54	54	131	2.5	185	65	超标
山西	大同市	44	32	73	3	154	36	超标
山西	阳泉市	49	48	116	2.5	198	61	超标
山西	长治市	43	41	103	3.1	188	60	超标
山西	晋城市	47	45	117	4.3	218	62	超标
山西	朔州市	46	34	99	1.8	168	48	超标
山西	晋中市	84	44	112	2.8	190	59	超标
山西	运城市	51	35	116	4	205	69	超标
山西	忻州市	49	43	102	2.8	181	58	超标

省份	城市名称	SO_2年均浓度/（μg/m³）	NO_2年均浓度/（μg/m³）	PM_{10}年均浓度/（μg/m³）	CO日均值第95百分位数浓度/（mg/m³）	O_3日最大8 h第90百分位数浓度/（μg/m³）	$PM_{2.5}$年均浓度/（μg/m³）	达标情况
山西	临汾市	79	37	122	4.1	214	79	超标
山西	吕梁市	68	46	112	2.6	150	55	超标
内蒙古	呼和浩特市	29	45	95	2.8	167	43	超标
内蒙古	包头市	28	42	93	2.7	159	44	超标
内蒙古	乌海市	51	31	106	1.9	153	43	超标
内蒙古	赤峰市	23	20	70	2.3	133	34	达标
内蒙古	通辽市	14	22	65	1.1	139	35	达标
内蒙古	鄂尔多斯市	14	27	67	1.1	159	24	达标
内蒙古	呼伦贝尔市	4	18	40	0.9	110	20	达标
内蒙古	巴彦淖尔市	24	27	86	1.8	140	34	超标
内蒙古	乌兰察布市	27	28	49	1.2	167	28	超标
内蒙古	兴安盟	8	16	43	1.1	117	20	达标
内蒙古	锡林郭勒盟	18	19	41	1.2	121	14	达标
内蒙古	阿拉善盟	11	11	69	0.9	155	34	达标
辽宁	沈阳市	37	40	85	1.9	166	50	超标
辽宁	大连市	17	28	58	1.4	163	34	超标
辽宁	鞍山市	30	36	85	2.4	158	48	超标
辽宁	抚顺市	24	34	81	1.7	144	47	超标
辽宁	本溪市	27	31	71	2.3	116	40	超标
辽宁	丹东市	21	24	61	1.8	123	35	达标
辽宁	锦州市	45	38	78	2	172	48	超标
辽宁	营口市	16	31	69	1.7	179	43	超标
辽宁	阜新市	30	27	75	1.4	157	40	超标
辽宁	辽阳市	24	31	82	1.9	150	47	超标
辽宁	盘锦市	24	29	66	1.9	171	39	超标
辽宁	铁岭市	20	32	81	1.2	159	50	超标
辽宁	朝阳市	31	24	76	2	161	42	超标
辽宁	葫芦岛市	45	35	80	2.3	174	47	超标
吉林	长春市	26	40	78	1.9	142	46	超标
吉林	吉林市	18	29	79	1.8	147	52	超标

省份	城市名称	SO_2年均浓度/（μg/m³）	NO_2年均浓度/（μg/m³）	PM_{10}年均浓度 /（μg/m³）	CO 日均值第95百分位数浓度 /（mg/m³）	O_3日最大8 h 第 90 百分位数浓度/（μg/m³）	$PM_{2.5}$年均浓度/（μg/m³）	达标情况
吉林	四平市	26	33	80	1.8	142	46	超标
吉林	辽源市	18	30	59	1.8	141	44	超标
吉林	通化市	26	32	62	2	120	35	达标
吉林	白山市	29	26	71	1.6	126	44	超标
吉林	松原市	14	20	71	1.6	144	35	超标
吉林	白城市	11	22	55	1.1	123	31	达标
吉林	延边州	15	22	46	1.4	126	31	达标
黑龙江	哈尔滨市	25	44	84	2	133	58	超标
黑龙江	齐齐哈尔市	22	22	65	1.5	112	38	超标
黑龙江	鸡西市	9	20	74	1.8	89	43	超标
黑龙江	鹤岗市	10	19	65	1.7	94	35	达标
黑龙江	双鸭山市	13	21	63	1.4	94	42	超标
黑龙江	大庆市	13	26	53	1.3	126	34	达标
黑龙江	伊春市	9	14	35	0.9	105	22	达标
黑龙江	佳木斯市	10	24	56	1.4	112	38	超标
黑龙江	七台河市	15	30	83	1.5	110	47	超标
黑龙江	牡丹江市	10	26	65	1.3	105	36	超标
黑龙江	黑河市	16	15	39	1	100	23	达标
黑龙江	绥化市	15	22	58	1.5	110	34	达标
黑龙江	大兴安岭地区	27	18	32	1.1	86	19	达标
上海	上海市	12	44	55	1.2	181	39	超标
江苏	南京市	16	47	76	1.5	179	40	超标
江苏	无锡市	13	46	77	1.6	184	44	超标
江苏	徐州市	22	44	119	1.7	187	66	超标
江苏	常州市	18	45	76	1.5	184	48	超标
江苏	苏州市	14	48	64	1.4	173	42	超标
江苏	南通市	21	38	64	1.4	179	39	超标
江苏	连云港市	18	33	73	1.5	153	45	超标
江苏	淮安市	14	33	89	1.4	172	50	超标
江苏	盐城市	13	28	79	1.3	156	43	超标

省份	城市名称	SO_2 年均浓度/（μg/m³）	NO_2 年均浓度/（μg/m³）	PM_{10} 年均浓度 /（μg/m³）	CO 日均值第 95 百分位数浓度 /（mg/m³）	O_3 日最大 8 h 第 90 百分位数浓度/（μg/m³）	$PM_{2.5}$ 年均浓度/（μg/m³）	达标情况
江苏	扬州市	18	40	93	1.4	192	54	超标
江苏	镇江市	15	43	88	1.2	182	55	超标
江苏	泰州市	13	35	81	1.5	179	51	超标
江苏	宿迁市	16	33	78	1.6	187	55	超标
浙江	杭州市	11	45	72	1.3	173	45	超标
浙江	宁波市	10	38	60	1.1	158	37	超标
浙江	温州市	12	41	65	1	145	38	超标
浙江	嘉兴市	11	37	67	1.3	182	42	超标
浙江	湖州市	15	38	64	1.3	187	42	超标
浙江	金华市	12	37	58	1.1	162	42	超标
浙江	衢州市	14	34	64	1.1	144	42	超标
浙江	舟山市	9	18	45	1.1	152	25	达标
浙江	台州市	6	24	59	1.1	143	33	达标
浙江	丽水市	9	24	50	1.2	135	33	达标
浙江	绍兴市	12	35	70	1.2	170	45	超标
安徽	合肥市	12	52	80	1.4	170	56	超标
安徽	芜湖市	15	49	82	1.6	177	49	超标
安徽	蚌埠市	20	40	98	1.3	165	60	超标
安徽	淮南市	18	31	107	1.3	182	62	超标
安徽	马鞍山市	17	39	83	1.8	188	50	超标
安徽	淮北市	21	38	101	1.6	182	66	超标
安徽	铜陵市	27	50	88	1.8	137	58	超标
安徽	安庆市	15	36	79	1.1	136	56	超标
安徽	黄山市	12	19	51	0.9	117	26	达标
安徽	滁州市	13	40	82	1.3	178	55	超标
安徽	阜阳市	13	36	106	1.6	153	67	超标
安徽	宿州市	19	41	97	1.6	177	70	超标
安徽	六安市	11	38	80	1.2	156	47	超标
安徽	亳州市	21	31	103	1.6	170	63	超标
安徽	池州市	17	35	89	1.4	138	60	超标

省份	城市名称	SO_2年均浓度/（μg/m³）	NO_2年均浓度/（μg/m³）	PM_{10}年均浓度/（μg/m³）	CO日均值第95百分位数浓度/（mg/m³）	O_3日最大8 h第90百分位数浓度/（μg/m³）	$PM_{2.5}$年均浓度/（μg/m³）	达标情况
安徽	宣城市	20	32	76	1.3	142	50	超标
福建	福州市	6	29	51	0.9	141	27	达标
福建	厦门市	11	32	48	0.8	117	27	达标
福建	莆田市	10	20	44	0.9	158	28	达标
福建	三明市	13	27	44	1.7	125	27	达标
福建	泉州市	12	28	53	0.9	148	28	达标
福建	漳州市	10	31	59	1.1	154	35	达标
福建	南平市	10	19	37	1	125	24	达标
福建	龙岩市	10	25	42	1.1	124	24	达标
福建	宁德市	7	23	45	1.2	142	26	达标
江西	南昌市	15	37	76	1.6	148	41	超标
江西	景德镇市	11	19	67	1.2	131	40	超标
江西	萍乡市	23	27	84	2.1	121	51	超标
江西	九江市	20	29	70	1.2	148	48	超标
江西	新余市	27	28	82	1.6	129	48	超标
江西	鹰潭市	30	26	59	1	151	41	超标
江西	赣州市	26	27	72	1.9	151	47	超标
江西	吉安市	26	21	74	1.1	159	52	超标
江西	宜春市	22	26	76	1.4	130	51	超标
江西	抚州市	15	19	64	1.3	138	47	超标
江西	上饶市	35	30	75	1.4	147	44	超标
山东	济南市	25	48	128	2.1	193	65	超标
山东	青岛市	15	38	78	1.3	166	39	超标
山东	淄博市	41	47	120	2.8	194	65	超标
山东	枣庄市	30	28	125	1.4	175	63	超标
山东	东营市	38	37	110	1.9	192	57	超标
山东	烟台市	18	33	68	1.6	163	35	超标
山东	潍坊市	25	35	116	1.8	186	59	超标
山东	济宁市	26	41	106	1.9	200	56	超标
山东	泰安市	25	39	97	1.9	213	58	超标

省份	城市名称	SO_2年均浓度/（μg/m³）	NO_2年均浓度/（μg/m³）	PM_{10}年均浓度 /（μg/m³）	CO 日均值第 95 百分位数浓度 /（mg/m³）	O_3日最大 8 h 第 90 百分位数浓度/（μg/m³）	$PM_{2.5}$年均浓度/（μg/m³）	达标情况
山东	威海市	11	18	55	1	155	29	达标
山东	日照市	15	37	85	1.4	158	47	超标
山东	莱芜市	31	43	121	2.2	178	66	超标
山东	临沂市	24	44	112	2.1	191	57	超标
山东	德州市	23	39	122	2.3	203	68	超标
山东	聊城市	19	41	134	2.3	197	71	超标
山东	滨州市	29	41	102	2.9	191	67	超标
山东	菏泽市	22	40	131	2.4	175	70	超标
河南	郑州市	21	54	118	2.2	199	66	超标
河南	开封市	20	39	103	2.2	182	62	超标
河南	洛阳市	25	42	117	2.4	204	69	超标
河南	平顶山市	24	40	106	2.1	180	63	超标
河南	安阳市	31	50	132	4.1	210	79	超标
河南	鹤壁市	28	47	113	3.8	201	61	超标
河南	新乡市	27	50	110	2.9	209	63	超标
河南	焦作市	25	44	125	3.1	208	73	超标
河南	濮阳市	20	40	107	2.8	182	64	超标
河南	许昌市	24	44	96	2.2	180	59	超标
河南	漯河市	15	36	103	1.6	166	59	超标
河南	三门峡市	22	41	98	2.1	181	57	超标
河南	南阳市	15	31	98	2.1	176	53	超标
河南	商丘市	13	36	107	1.6	173	59	超标
河南	信阳市	12	28	84	1.4	152	50	超标
河南	周口市	17	33	98	2.8	172	56	超标
河南	驻马店市	16	36	94	1.6	175	54	超标
湖北	武汉市	10	50	85	1.6	151	52	超标
湖北	黄石市	18	37	86	1.7	145	55	超标
湖北	十堰市	18	33	64	1.6	138	45	超标
湖北	宜昌市	12	35	88	1.7	137	58	超标
湖北	襄阳市	16	35	90	1.8	152	65	超标

省份	城市名称	SO_2年均浓度/(μg/m³)	NO_2年均浓度/(μg/m³)	PM_{10}年均浓度/(μg/m³)	CO日均值第95百分位数浓度/(mg/m³)	O_3日最大8 h第90百分位数浓度/(μg/m³)	$PM_{2.5}$年均浓度/(μg/m³)	达标情况
湖北	鄂州市	15	36	84	1.6	139	56	超标
湖北	荆门市	18	38	83	1.4	145	50	超标
湖北	孝感市	11	26	80	3	158	49	超标
湖北	荆州市	18	36	92	1.7	140	56	超标
湖北	黄冈市	11	27	84	1.5	159	49	超标
湖北	咸宁市	7	18	62	1.6	156	47	超标
湖北	随州市	9	24	75	2.6	148	51	超标
湖北	恩施州	9	23	63	1.6	121	46	超标
湖南	长沙市	13	40	69	1.3	153	52	超标
湖南	株洲市	19	36	81	1.4	142	52	超标
湖南	湘潭市	20	37	80	1.3	142	51	超标
湖南	衡阳市	16	28	69	1.7	141	49	超标
湖南	邵阳市	29	24	77	1.5	138	55	超标
湖南	岳阳市	14	25	70	1.4	142	49	超标
湖南	常德市	12	22	77	1.8	147	54	超标
湖南	张家界市	8	22	67	1.9	129	42	超标
湖南	益阳市	13	29	77	1.8	143	41	超标
湖南	郴州市	15	26	69	1.9	140	38	超标
湖南	永州市	12	22	67	1	129	45	超标
湖南	怀化市	11	18	83	1.4	122	39	超标
湖南	娄底市	17	22	65	2.6	134	41	超标
湖南	湘西州	4	19	75	1.8	110	40	超标
广东	广州市	12	52	56	1.2	162	35	超标
广东	韶关市	17	29	52	1.4	152	38	超标
广东	深圳市	8	30	45	1	147	28	达标
广东	珠海市	7	32	43	1	160	30	达标
广东	汕头市	12	21	49	1.1	140	29	达标
广东	佛山市	13	44	63	1.2	174	40	超标
广东	江门市	12	38	60	1.3	193	37	超标
广东	湛江市	10	15	42	1.1	153	29	达标

省份	城市名称	SO_2年均浓度/（μg/m^3）	NO_2年均浓度/（μg/m^3）	PM_{10}年均浓度 /（μg/m^3）	CO日均值第95百分位数浓度 /（mg/m^3）	O_3日最大8 h第90百分位数浓度/（μg/m^3）	$PM_{2.5}$年均浓度/（μg/m^3）	达标情况
广东	茂名市	14	15	50	1.2	134	32	达标
广东	肇庆市	14	37	57	1.4	158	41	超标
广东	惠州市	8	25	51	1.1	142	29	达标
广东	梅州市	8	28	50	1.3	120	30	达标
广东	汕尾市	9	13	43	0.9	142	27	达标
广东	河源市	7	23	48	1.2	136	29	达标
广东	阳江市	8	19	48	1.4	167	33	超标
广东	清远市	14	39	58	1.7	153	36	超标
广东	东莞市	12	41	51	1.2	170	37	超标
广东	中山市	10	36	49	1.3	181	33	超标
广东	潮州市	14	18	50	1.2	147	30	达标
广东	揭阳市	15	25	55	1.3	146	34	达标
广东	云浮市	14	31	57	1.2	137	37	超标
广西	南宁市	11	35	56	1.4	119	35	达标
广西	柳州市	19	26	66	1.5	127	45	超标
广西	桂林市	15	25	60	1.3	139	44	超标
广西	梧州市	12	26	60	1.5	119	41	超标
广西	北海市	9	13	45	1.4	138	28	达标
广西	防城港市	12	18	46	1.2	126	30	达标
广西	钦州市	18	19	55	1.4	126	35	达标
广西	贵港市	11	27	66	1.3	142	42	超标
广西	玉林市	24	25	59	1.6	133	40	超标
广西	百色市	20	20	63	1.4	114	42	超标
广西	贺州市	10	19	66	1.4	130	42	超标
广西	河池市	9	25	60	1.2	110	35	达标
广西	来宾市	18	21	70	1.5	136	48	超标
广西	崇左市	10	18	47	1.2	130	32	达标
海南	海口市	6	12	37	0.8	127	20	达标
海南	三亚市	2	12	28	0.8	110	15	达标
重庆	重庆市	12	46	72	1.4	163	45	超标

省份	城市名称	SO_2 年均浓度/（μg/m³）	NO_2 年均浓度/（μg/m³）	PM_{10} 年均浓度 /（μg/m³）	CO 日均值第 95 百分位数浓度 /（mg/m³）	O_3 日最大 8 h 第 90 百分位数浓度/（μg/m³）	$PM_{2.5}$ 年均浓度/（μg/m³）	达标情况
四川	成都市	11	53	88	1.7	171	56	超标
四川	自贡市	15	37	89	1.6	150	66	超标
四川	攀枝花市	35	36	67	2.7	119	34	达标
四川	泸州市	17	35	80	1	147	53	超标
四川	德阳市	9	30	84	1.3	166	51	超标
四川	绵阳市	9	32	71	1.4	134	48	超标
四川	广元市	21	38	59	1.5	121	23	达标
四川	遂宁市	12	25	63	1.3	153	38	超标
四川	内江市	14	27	70	1.2	154	48	超标
四川	乐山市	12	34	78	1.5	157	55	超标
四川	南充市	12	34	72	1.3	150	46	超标
四川	眉山市	13	42	79	1.1	161	49	超标
四川	宜宾市	18	34	80	1.7	146	57	超标
四川	广安市	13	27	73	1.5	142	37	超标
四川	达州市	11	39	76	1.9	123	50	超标
四川	雅安市	11	28	66	1.2	132	48	超标
四川	巴中市	4	27	54	1.5	115	33	达标
四川	资阳市	10	27	82	1.2	150	36	超标
四川	阿坝州	9	9	23	0.8	118	12	达标
四川	甘孜州	18	24	31	0.8	111	19	达标
四川	凉山州	17	23	38	1.2	132	23	达标
贵州	贵阳市	13	27	53	1.1	121	32	达标
贵州	六盘水市	20	25	68	1.2	114	40	超标
贵州	遵义市	12	28	54	1.1	109	33	达标
贵州	安顺市	21	15	45	0.9	122	30	达标
贵州	铜仁市	10	22	66	1.8	110	24	达标
贵州	黔西南州	8	17	39	1.6	100	16	达标
贵州	毕节市	12	22	52	1.4	126	33	达标
贵州	黔东南州	9	25	46	1.2	87	31	达标
贵州	黔南州	26	14	41	1	102	25	达标

省份	城市名称	SO_2年均浓度/（μg/m^3）	NO_2年均浓度/（μg/m^3）	PM_{10}年均浓度/（μg/m^3）	CO日均值第95百分位数浓度/（mg/m^3）	O_3日最大8 h第90百分位数浓度/（μg/m^3）	$PM_{2.5}$年均浓度/（μg/m^3）	达标情况
云南	昆明市	15	32	58	1.2	124	28	达标
云南	曲靖市	18	23	54	1.4	126	28	达标
云南	玉溪市	16	22	47	1.9	125	23	达标
云南	保山市	8	13	39	1.6	132	25	达标
云南	昭通市	18	21	56	1	132	31	达标
云南	丽江市	11	15	27	1	112	14	达标
云南	普洱市	6	17	44	0.9	121	28	达标
云南	临沧市	12	19	40	1.2	123	24	达标
云南	楚雄州	19	21	40	1.2	115	23	达标
云南	红河州	16	12	51	0.9	125	34	达标
云南	文山州	10	15	40	1	118	23	达标
云南	西双版纳州	8	18	48	1.2	132	26	达标
云南	大理州	8	18	33	1	122	23	达标
云南	德宏州	13	21	46	1.2	128	30	达标
云南	怒江州	11	18	43	1.4	102	20	达标
云南	迪庆州	10	15	36	1.2	106	10	达标
西藏	拉萨市	8	23	54	1.1	128	20	达标
西藏	昌都市	8	20	51	1.6	126	19	达标
西藏	山南市	5	9	30	1.2	140	11	达标
西藏	日喀则市	10	12	41	1.2	124	15	达标
西藏	那曲地区	13	18	86	1.9	78	40	超标
西藏	阿里地区	14	17	28	0.8	140	13	达标
西藏	林芝市	4	10	30	0.5	116	11	达标
陕西	西安市	19	59	126	2.8	185	73	超标
陕西	铜川市	20	35	91	2.2	165	52	超标
陕西	宝鸡市	12	41	102	2.1	155	58	超标
陕西	咸阳市	21	54	132	2.4	201	79	超标
陕西	渭南市	18	56	129	2.3	183	70	超标
陕西	延安市	32	52	90	3	146	42	超标
陕西	汉中市	15	32	85	2.4	145	53	超标

省份	城市名称	SO_2年均浓度/（μg/m³）	NO_2年均浓度/（μg/m³）	PM_{10}年均浓度 /（μg/m³）	CO日均值第95百分位数浓度 /（mg/m³）	O_3日最大8 h第90百分位数浓度/（μg/m³）	$PM_{2.5}$年均浓度/（μg/m³）	达标情况
陕西	榆林市	20	43	73	2.4	168	34	超标
陕西	安康市	15	22	63	1.8	136	40	超标
陕西	商洛市	16	28	60	1.2	132	34	达标
甘肃	兰州市	20	57	111	2.8	161	49	超标
甘肃	嘉峪关市	17	25	72	1	148	19	超标
甘肃	金昌市	27	16	74	1	138	24	超标
甘肃	白银市	47	28	85	1.4	128	33	超标
甘肃	天水市	24	35	72	1.8	144	34	超标
甘肃	武威市	14	28	81	1.8	138	38	超标
甘肃	张掖市	13	21	60	1.1	150	24	达标
甘肃	平凉市	12	39	73	1.6	130	30	超标
甘肃	酒泉市	14	27	89	1	144	28	超标
甘肃	庆阳市	27	22	66	1.5	142	35	达标
甘肃	定西市	22	30	69	1.6	144	36	超标
甘肃	陇南市	20	26	58	2	119	30	达标
甘肃	临夏州	28	28	79	2.7	140	44	超标
甘肃	甘南州	13	20	68	1.7	138	36	超标
青海	西宁市	24	40	83	2.8	136	34	超标
青海	海东市	20	36	84	2.5	142	43	超标
青海	海北州	14	14	52	0.9	136	27	达标
青海	黄南州	15	16	56	1.4	124	33	达标
青海	海南州	18	20	55	1.4	130	26	达标
青海	果洛州	27	16	56	1.3	140	27	达标
青海	玉树州	20	15	46	1.1	131	19	达标
青海	海西州	20	15	50	1	128	22	达标
宁夏	银川市	48	42	106	2.5	169	48	超标
宁夏	石嘴山市	55	32	97	2	162	43	超标
宁夏	吴忠市	30	29	91	1.6	138	40	超标
宁夏	固原市	10	29	75	1.4	143	32	超标
宁夏	中卫市	24	26	81	1.4	157	34	超标

省份	城市名称	SO_2 年均浓度/（μg/m³）	NO_2 年均浓度/（μg/m³）	PM_{10} 年均浓度 /（μg/m³）	CO 日均值第 95 百分位数浓度 /（mg/m³）	O_3 日最大 8 h 第 90 百分位数浓度/（μg/m³）	$PM_{2.5}$ 年均浓度/（μg/m³）	达标情况
新疆	乌鲁木齐市	13	49	105	3.4	122	70	超标
新疆	克拉玛依市	8	23	69	1.6	131	34	达标
新疆	吐鲁番市	14	43	134	3.6	142	64	超标
新疆	哈密市	9	29	78	2.6	138	31	超标
新疆	昌吉州	18	45	97	3	130	67	超标
新疆	博州	14	26	75	2.5	131	36	超标
新疆	巴州	8	29	103	2.1	110	38	超标
新疆	阿克苏地区	11	33	130	2.8	138	58	超标
新疆	克州	4	14	79	1.8	166	27	超标
新疆	喀什地区	11	36	151	3.1	154	74	超标
新疆	和田地区	35	26	146	3.4	118	60	超标
新疆	伊犁州	23	38	83	5.1	141	51	超标
新疆	塔城地区	6	15	42	2.1	123	16	达标
新疆	阿勒泰地区	13	19	25	1.7	112	14	达标
新疆	石河子市	15	43	100	2.8	165	61	超标
新疆	五家渠市	15	39	130	3.5	121	77	超标

注：各城市 $PM_{2.5}$ 和 PM_{10} 年均浓度均已扣除沙尘天气影响。